U0181315

前言

我从学生时代起，就梦想着有一天能创作一本童书。如今在我们的地球上，水资源的污染问题变得越来越严重，我觉得是时候去实现儿时的梦想了。我把这本书献给我自己、我心爱的小苏（Sue）和小沃（Wolf）以及更多想了解水的小读者。在这里，我要诚挚地感谢拿路（Lannoo）出版社的索菲·范·桑德在出版过程中给我提供的帮助，还要感谢和我一起写这本书的玛瑞克·赫斯曼斯和插画师温迪·潘德斯。我希望每位读者都能在这本书中找到感兴趣的内容。另外，我非常非常希望你们能潜入水世界更深的地方，去感受那个奇妙的世界！

——莎拉·加雷

奇妙水世界
从尿尿到海洋

[比]莎拉·加雷　[比]玛瑞克·赫斯曼斯/著
[比]温迪·潘德斯/绘　　吴锦华/译

深圳出版社

4
水无处
不在
6
蓝色星球
8
海洋
10
水是什么？
12
水循环
14
地表水
和地下水
16
地下水
是如何
形成的？
18
怎样才能
找到地下水？
20
水和气候
22
水和
天气
24
古代的人们如何
解决用水问题？
26
人为什么
要喝水？
28
如何净化水？

30
自来水如何来到你家?
32
尿都去哪里了?
34
没有水，就没有盘中餐
36
什么是虚拟水?
38
植物怎么喝水?
40
雨林中的生活
42
沙漠中的绿洲
44
老虎丛
46
河流和洪水
48
海浪和海啸
50
水坝和水库
52
全球水资源的未来
54
如何保护水资源?

水无处不在

你喜欢夏天吗？你觉得怎样的天气才算好天气？许多人喜欢阳光灿烂的天气，甚至希望一直不下雨，这样就可以舒舒服服地去郊游或者去海滩，还可以吃冰激凌！不过，不下雨可不行！干旱会带来大麻烦。历史学家认为，干旱造成了好几个伟大文明的衰落，比如美洲的玛雅文明。因此，对我们每个人来说，水都非常重要。

休闲娱乐

度假时，你可以参加很多好玩的娱乐项目：游泳、潜水、滑雪、帆船、皮划艇、钓鱼等。没有了水，这些项目都玩不了。假期中的许多乐趣都要依靠水哦！

农业

炸薯条用的土豆、汤里的蔬菜、面包里的谷物，这些食物在端上餐桌前都生长在地里，而它们的生长都离不开充足的水。没有水，农作物无法生长，我们也就无法获得充足的食物。

工业
为保证机器安全运行，工厂经常需要用水来冷却机器。
自然
大部分植物都需要水才能生长。你肯定已经注意到，要是长时间不下雨，草就会变黄。只要再下雨，它就会重新变绿。但是，也有不少植物熬不过干旱。对鱼和其他水生动物来说，离开水它们就无法生存。
W
A
T
e
R
交通运输
货船是重要的交通运输工具。有了货船，我们的工厂才有足够的沙子、水泥和其他工业原料进行生产。因此，最好能适时地下一场雨，这样河流的水位才不会下降。
日常生活
我们在家里也会使用大量的水。我们要尽量节约用水，请不要在洗澡时玩水，也不要忘了关水龙头哦。

蓝色星球

晚上，你打开淋浴开关，准备洗澡。看，水就这样流出来了。这看似稀松平常，其实水非常珍贵。地球表面有四分之三的面积被水覆盖着。宇航员在宇宙飞船上看地球时，会看到一个蓝色的星球。然而，与整个地球相比，海洋实际上并不深，地球只有表面薄薄的一层是水。因此，即使在我们这个蓝色星球上，水也弥足珍贵。地球距离太阳大约1.5亿千米。这个距离不远也不近，因此地球表面既不太热也不太冷，海洋才得以存在。如果地球太靠近太阳，地球上的水会立即蒸发，变成水蒸气；如果离太阳太远，地球就会变得非常冷，水会变成冰。虽然没有确凿的证据，但许多科学家认为，如果没有液态水，地球上就不会有生命。

地球是唯一有水的星球吗?

不是的，我们在月球上发现了冰，也在火星上发现了水的痕迹。木星和土星周围的一些卫星，其表面是厚厚的冰层，冰层下甚至有非常深的海洋。

地球上有多少升水?

地球上的水超过10^{21}升，就是1后面有21个0!

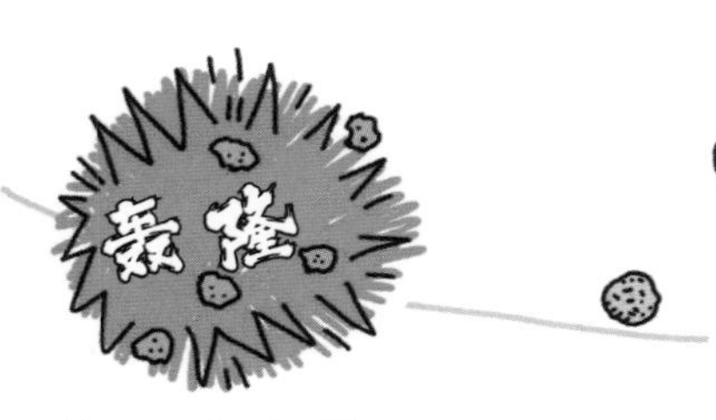

约138亿年前

大爆炸：宇宙诞生了。

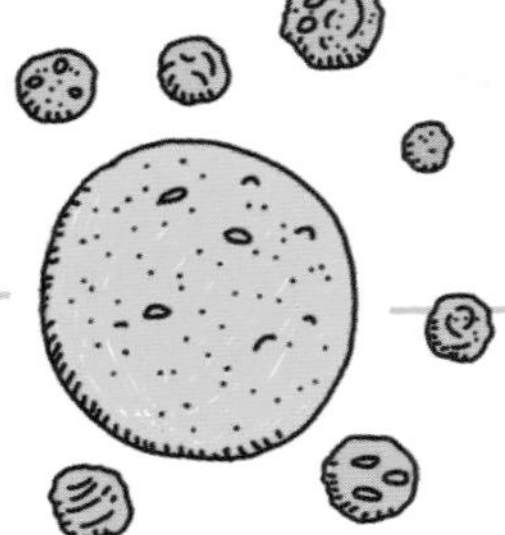

约46亿年前

地球形成，
但当时还没有海洋。

彗星和有水的小行星
撞击了地球。

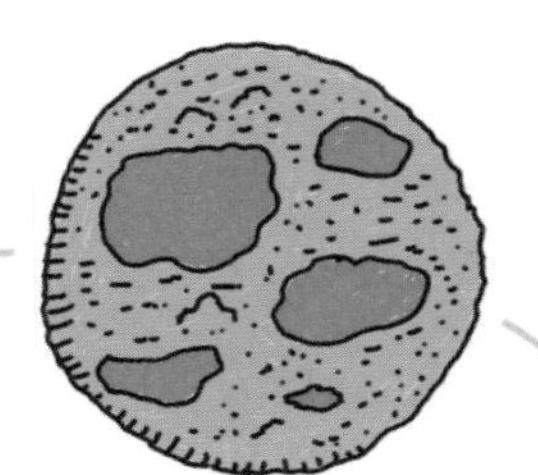

约44亿年前

海洋在地球上出现，
但当时海洋的位置
与现在不同。

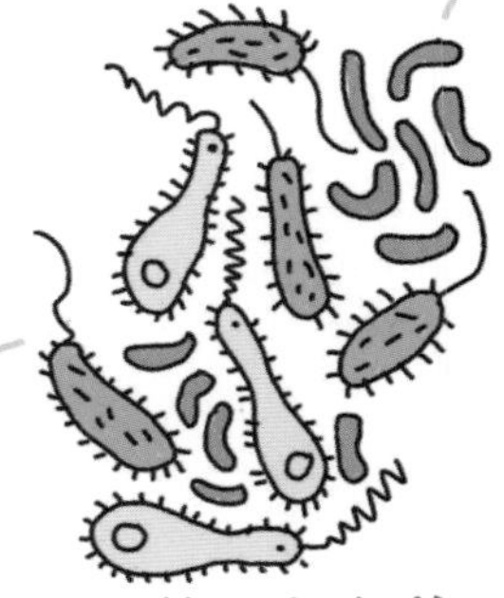

约36亿年前

地球上的第一批生物出现了。
在很长一段时间里，细菌是地
球上唯一的居民。

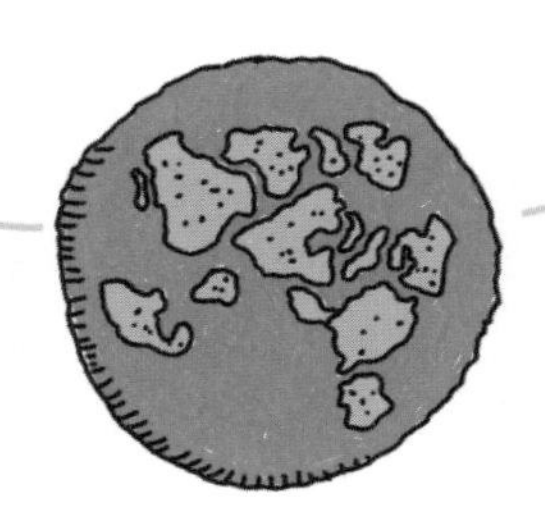

从11亿年前到7.5亿年前，世
界上所有的大陆并在一起，
组成了罗迪尼亚超大陆。

约6.5亿年前

海洋结冰，
陆地被冰雪覆盖。

约5亿年前

第一批动物征服了海洋。

越来越多的动物在水里或陆地上生活。

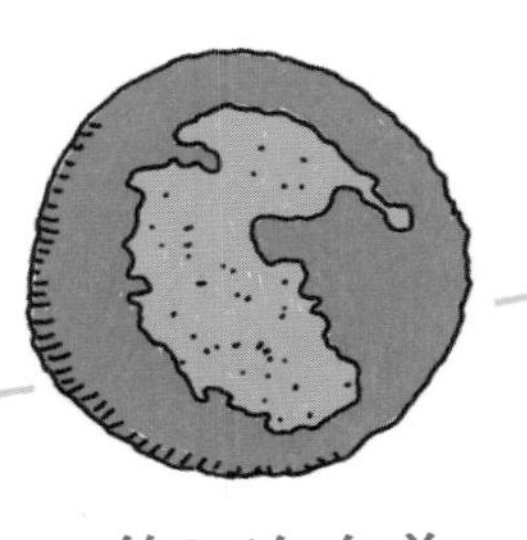

约2.5亿年前

盘古大陆出现了，
它是一个新的超级大陆。

植物在陆地上生长，
光秃秃的陆地越变越绿。

约2.5亿年前

恐龙出现了。

约6500万年前

恐龙灭绝。

在冰期，大冰盖的面积不断扩大。

在这个时期，猛犸象生活得最惬意。

约1万年前，最后一个冰期结束了。

地球上的水到底是从哪儿来的？

在地球出现生命以前，有许多彗星和富含水的小行星撞击过地球。一些科学家认为，地球上绝大部分的水是以这种方式来到地球的，但也有科学家不同意这种说法。

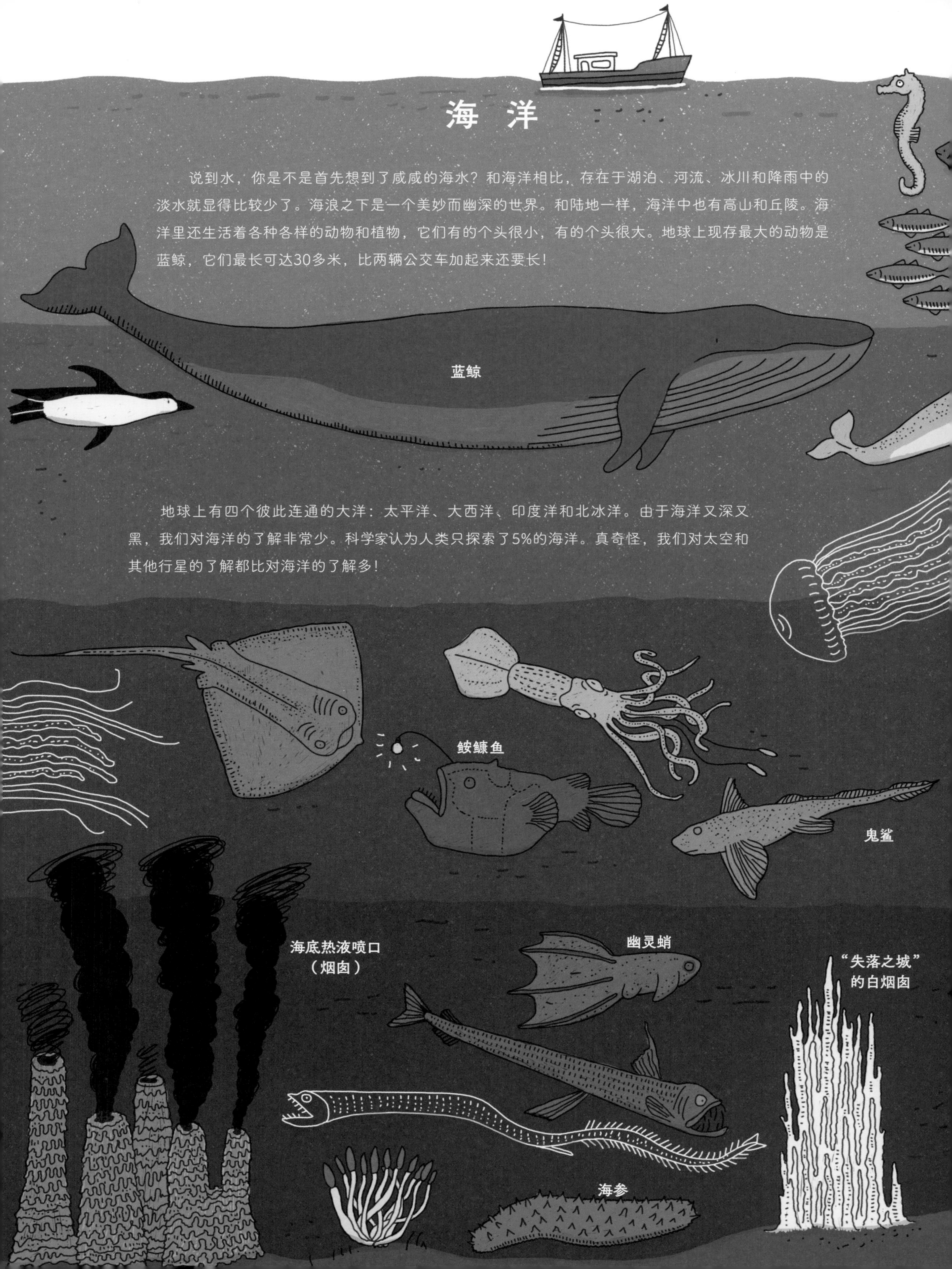

海 洋

说到水，你是不是首先想到了咸咸的海水？和海洋相比，存在于湖泊、河流、冰川和降雨中的淡水就显得比较少了。海浪之下是一个美妙而幽深的世界。和陆地一样，海洋中也有高山和丘陵。海洋里还生活着各种各样的动物和植物，它们有的个头很小，有的个头很大。地球上现存最大的动物是蓝鲸，它们最长可达30多米，比两辆公交车加起来还要长！

地球上有四个彼此连通的大洋：太平洋、大西洋、印度洋和北冰洋。由于海洋又深又黑，我们对海洋的了解非常少。科学家认为人类只探索了5%的海洋。真奇怪，我们对太空和其他行星的了解都比对海洋的了解多！

海洋对气候的影响很大吗?

海洋是气候调节员。它能吸收大量从汽车和工厂排放到大气中的二氧化碳，从而减少二氧化碳对气候的负面影响。但是，海洋的水质也会因此改变，这又会使一些生活在海里的贝类和植物面临威胁。

海和洋是一样的吗?

海是海洋中与陆地毗邻的一片范围较小的水域，是海洋的边缘部分。洋是一片非常大的海，是整片海洋的主体。例如，位于欧洲大陆西北的北海是大西洋的边缘海。北海三面被陆地环绕，周边的国家包括荷兰、丹麦等。北海像漏斗一样从陆地中间穿过，直通北大西洋。

人类如何开发和利用海洋?

我们不只在海洋中捕鱼，还从海水中提取盐。除了食盐，我们在街道上除雪时用的盐，以及日化用品中所含的盐，都可以从海洋中获取。我们甚至还从海洋中获取了抗癌药物的原料，以及牙膏中的二氧化硅。你一会儿刷牙的时候，可别忘了我们的海洋哟。

海洋中最深的地方在哪里?

海洋最深的地方在太平洋的马里亚纳海沟。它位于菲律宾东部，深约11千米。但这只是预计的深度，因为要测量海沟底部的深度并不是一件容易的事情。潜艇和测量设备在那里要承受数千米深的海水的压力。

什么是潮汐?

你有发现海水有时离岸边很近，有时离岸边很远吗？那就是潮汐现象。月球绕着地球转动，而海洋受到月球引力的影响，就一直处于运动之中。在潮汐现象中，水位上升叫涨潮，水位下降叫落潮。太阳也会对海洋产生一定的影响。当太阳和月球的引力方向相同时，我们就能看到一次大潮，这时水位会涨得很高。

水是什么？

玻璃杯中的水没有颜色，也没有气味。如果你把它放进冰箱的冷冻室，它就会变成冰；如果你把它放在炉火上加热，它就会变成水蒸气。那它到底是什么呢？其实水是由非常小的分子组成的，1个水分子由1个氧原子（O）和2个更小的氢原子（H）组成。因此，水的化学式是H_2O。

水有不同的形态。如果温度低于0℃，水就会变成冰。注意了，这个过程中可能会发生“爆炸”哦。当水变成冰时，体积会变大。因此，如果你将一瓶密封的水放入冰箱的冷冻室，冰冻后瓶子可能会裂开。当温度达到100℃时，水开始沸腾，水中会出现气泡，因为水一点点地变成了水蒸气。水蒸气跑到空气中后，我们用肉眼就看不到它了，但其实它还悬浮在空气中。冰也可以直接变成水蒸气，不需要先化成水，这个过程被称为升华。

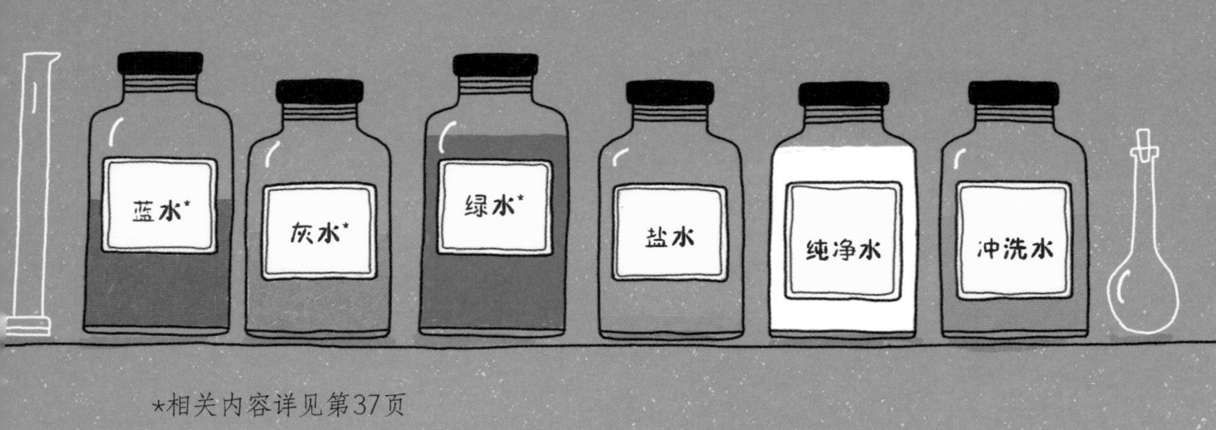

*相关内容详见第37页

为什么水在高山上更容易沸腾？

在高山上，水更容易沸腾，也就是说，水在温度不那么高时就会沸腾。不过，如果你在高山上煮土豆，土豆不会比平时更快变软。其中的原理是这样的：气压是空气压在身体或物体上的压力。在海拔高的地方，空气稀薄，气压比海平面处的低得多，因此水的沸点（水沸腾的温度）也会降低。在阿尔卑斯山，水烧到90℃左右时就沸腾了。

为什么海水不是透明的？

海水通常是蓝色的。其实，海水的颜色来自照射到地球表面上的阳光。阳光里混杂着许多不同的颜色。其中，红光比较容易被水吸收，水吸收的红光几乎是蓝光的100倍。而且，蓝光容易被水反射，水反射的蓝光差不多是红光的5倍。正因为水吸收红光并反射蓝光，所以大海看起来就是蓝色的。当海水超过一定深度时，海水呈蓝色的效果会更加明显。

海水能变成饮用水吗？

一些气候特别干燥炎热的国家（比如沙特阿拉伯）建了许多大型工厂，用来保障沙漠中饮用水的供给。在这些工厂中，海水被放在大型装置中加热，变成水蒸气，海盐则被过滤出来。然后，水蒸气被运送到另一个地方，重新变成流动的饮用水。不过，加热海水需要耗费非常多的能量。

淡水
气泡水
泳池水
防腐剂
溶液
消防
用水
饮用水
软水
硬水
地表水
地下水
淡盐水
液化
凝华
升华
汽化
被污染
的溪水
熔化
凝固
H_2O
雨水
污水
自来水

水循环

清凉的雨水落到鼻子上，你还记得这种感觉吧？但你知道雨是从哪儿来的吗？雨水可不是凭空出现的水。其实，水一直存在，它们周而复始地踏上被称为“水循环”的旅程。

海洋、湖泊和其他水体里的水会因太阳的热量而蒸发。蒸发后的水上升到空中，进入较高、较冷的大气层，就变成了云。如果云里聚集了许多小水滴，就可能会下雨、下雪或者下冰雹。

然后，雨水会重新落入大海，当然也会落在陆地上。落在陆地上的雨水又会发生什么呢？由于太阳的热量，大多数落在地面上或者渗入泥土里的雨水会再次蒸发。温度越高，蒸发的水分就越多。

植物的根从泥土里汲取水分，大部分水会通过叶子重新释放到空气中，这被称为蒸腾作用。没错，植物也会出汗，就像人一样。

一部分雨水从陆地流进小溪或河流，然后汇入海洋。另一部分雨水则渗入土壤，我们称之为渗透。渗透是形成地下水的重要环节。地下水是藏在我们脚底下的水资源。地下水流动得很缓慢，但最终也会汇入河流和海洋。在河流和海洋中，水再次蒸发，水循环就这样持续进行着。

为什么海水是咸的?

高山上积雪融化而成的水从山上流下，流入河流，汇入大海。在这一旅程中，淡水会慢慢地变咸。这是因为水在流动的过程中，会从地下吸收各种盐分。在河流和湖泊里，尤其在海洋里，一部分水蒸发了，盐留了下来。有些盐沉入海底，有些在海岸上结晶、析出。烹饪离不开盐，食物加了盐才会美味！你去超市时，一定能看到货架上有各种牌子的食盐。

水滴会在云里停留多长时间?

水滴蒸发后，以雨、冰雹或雪的形式再次回到地面大约需要8天的时间。

地表水和地下水

你在日常生活中需要喝水，用水做饭、洗澡、冲马桶，或给植物浇水。农民需要用水来保证农作物正常生长，有时还要给动物准备喝的水。工厂也需要用水来冷却机器、制作啤酒和柠檬水、清洗卡车，等等。

但是，这些水都是从哪儿来的呢？我们把来自河流和湖泊的水称为地表水，想要获得地表水并不难。地表水有着广泛的用途，比如，船舶在水上运输货物，发电厂用水冷却机器，农民用水灌溉田地，以及自来水厂制造饮用水。但是，地表水的水量并不是长年不变的。如果长时间下大雨，河水的水量就会变多；如果长时间干旱，河水的水量就会变少，这时我们不能从河中取用过多的水，否则会威胁到河里动植物的生命。地底下也有大量的水，我们可以用水泵抽取地下水。在中国北方很多地区，超过50%的供水来自地下水。在世界各地的风景名胜中，你还会看到多种水的景观！

沼泽（荷兰）

矿坑（比利时）

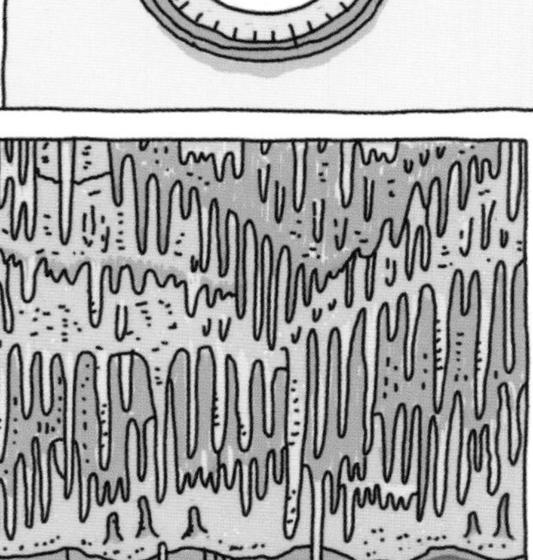

溶洞

尼亚加拉瀑布（加拿大）

水塔（比利时）

伏尔塔瓦河（捷克）

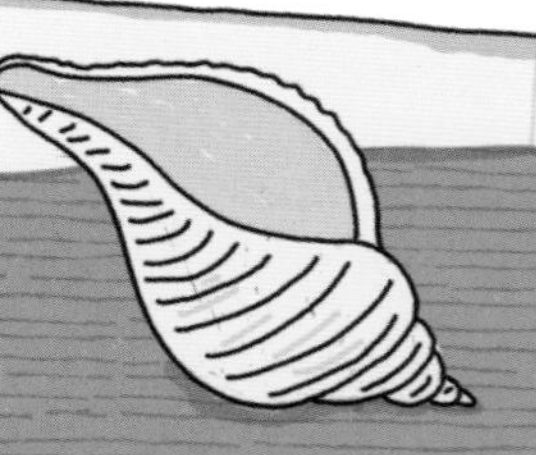

地狱谷野猴公园（日本）

灰岩坑（墨西哥）

间歇泉（冰岛）

布须曼洞穴（南非）

棉花堡（土耳其）

莫雷诺冰川（阿根廷）

尼斯湖（英国）

圩田（荷兰）

地下水可以直接喝吗？

深层地下水通常非常纯净，几乎不需要净化就可以饮用。不过，你会在浅层地下水中发现不少污染物。污染物可能来自田间的肥料，也可能是工厂和居民区的废弃物。

我们可以利用雨水吗？

如果你家里有收集雨水的水桶或储水罐，那你收集的雨水可以满足一些用水需求。

为了有效利用雨水，有些地方还专门设计了雨水花园。在雨水花园中，从屋顶流下的雨水一部分进入循环水景，另一部分通过滞留、净化、下渗，汇入中心的下沉花园。同时，道路上的雨水经过净化，最终也汇入下沉花园。

地下水是如何形成的?

地球上的大部分水都在海洋和冰川中，但我们不能直接饮用咸的海水或者吃冰。不咸也没有结冰的水大多在地下。地下水并不是在地下湖泊或地下河流中流动，而是存在于沙粒以及地下岩石的缝隙之中。

下雨时，一部分雨水会渗入地下，好像消失了一样。它们经过一段时间的渗透，会汇入地下水中。地下水既可能在离地面不深的地方，也可能在深达数百米的地下。雨水有时在几天、几周或几个月后就汇入地下水中，而有时需要几年甚至几百年的时间。

地下水通常会在地下储存很长时间。然而，它们终有一天会流入小溪、河流或海洋。地下水分为浅层地下水和深层地下水。浅层地下水位于地表以下几米至几十米的地方。当下雨时，雨水会补充浅层地下水；当连续干旱时，浅层地下水的水位则会下降。深层地下水位于地表以下一百米甚至几百米的地方，它们很少受到污染。无论降雨量多还是少，深层地下水的水量几乎不会发生变化。

我们不能过度抽取地下水，这点非常重要。过度抽取地下水会导致河流干涸、地面下沉或塌陷，还会使一些植物和生活在地下的动物面临生存威胁。另外，就像我们前面所说的，深层地下水如果要得到雨水的补充，可能需要数年甚至数百年的时间。

地下有气泡水吗？

我们喝的苏打水中的气泡通常是在工厂中加进去的。不过，地下水中也含有气泡，水会自己起泡！

水会在地下待多久？

一旦雨水成为地下水，它们再回到地面之上可能需要几天、几个星期、几个月、几年，甚至几百年。要是你真的跟着雨水走完整个水循环的旅程，你可能已经变成爷爷或奶奶了！

怎样才能找到地下水?

你现在已经知道什么是地下水，也知道地下水是怎么得到补充的了。但是，怎样才能找到地下水呢？我们又看不到它。其实，人类使用地下水的历史已经长达数千年了。

如果你仔细观察大自然，就能找到很多关于地下水的提示。比如，和高山相比，你更容易在山谷一个不太深的井里找到地下水。另外，某些树或其他喜欢水的植物，如柳树或芦苇，也提示了浅层地下水的位置。

找到地下水后，要如何将它抽上来呢？这可不简单！首先你要看地质分布图，地质分布图指明了地下水水位线附近及上方分布着哪些类型的土壤和岩石。要抽水的话，你需要找到一片石头很多的区域，而且石头上要有足够多的小孔或石头间要有缝隙，这样的地方才能让水慢慢地流入。

找到后就可以开工了，一般会先用大型钻井机在地上打一个深深的洞，有时这个洞要钻到一百米深！然后……启动水泵抽水吧！

地下水小实验

- 你下次去沙滩时，带一把结实的铲子。
- 找一个地方挖洞。
- 把洞尽量挖深一些，看到水了吗？

瞧，你找到地下水了！

你的房子会下沉吗?

如果土壤很干燥，土壤中的黏土会收缩。如果你的房子建在一个黏土不断收缩的地方，房子就可能会下沉或者墙壁出现裂缝。这你可得注意了!

人造卫星能知道地下水有没有变少吗?

一个瓶子如果装满水会很重，而喝掉一半水后，瓶子的重量就会变轻。如果地下水变少，含水的土壤也会变轻。根据这个原理，重力恢复及气候实验卫星能探测到地下水的存量是否发生了变化。

如何利用电寻找地下水?

与干燥的土壤相比，含水的土壤更容易导电。如果你将金属棒插入土中，然后给金属棒通电，就可以测量土壤的含水量。当含水量比较高时，测出的电流会更强。

水和气候

为什么有的地方降水量比其他地方多？为什么海边的气候与山区或内陆的气候不同？究竟什么是气候呢？

气候是指几十年来气象观测设备在不同的时间点所记录的天气。天气则是特定时间点的气温、风向、风速、云量和降水量。气候决定了你每年会买些什么衣服，天气则决定了你今天要穿什么衣服。影响气候的因素有很多：太阳的热量、冷空气和暖空气、地面反射的太阳热量等。

水不仅能形成降雨，还能储存来自太阳的热量。因此，海洋升温会比陆地慢。阳光普照时，在泳池里会比在大街上凉爽。同样，到了夏天，海边会比内陆地区凉爽一些；到了冬天，情况则正好相反，大海会慢慢释放热量，因此海边会比内陆更加暖和。

大量海水会从地球的一侧流向另一侧。假如你是一条鱼，那你就可以搭上洋流的便车去旅行。洋流还会将炎热地区的热量带到寒冷地区。

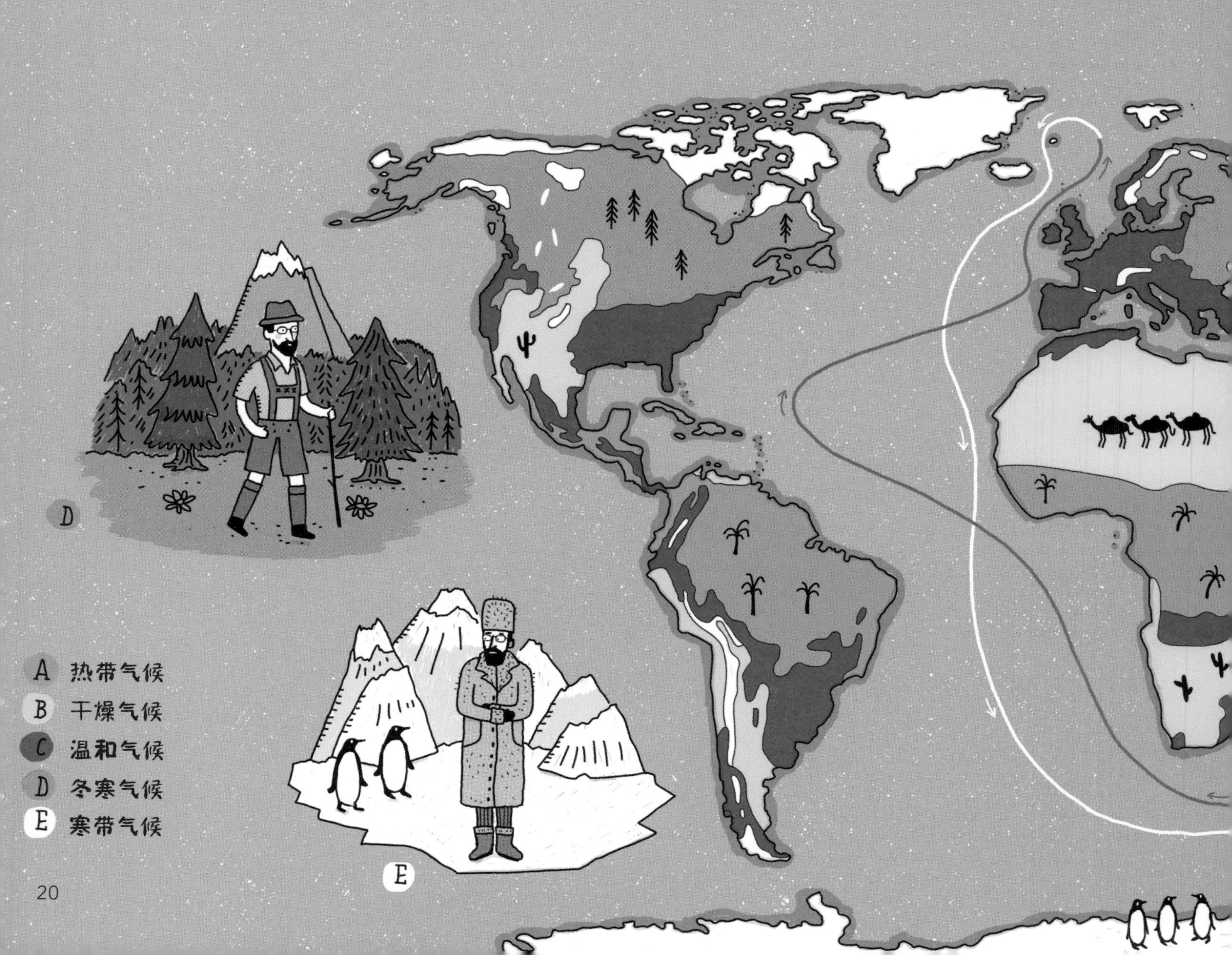

山脉也会对气候产生影响。在高大的山脉中，常常会出现一侧经常下雨，另一侧很少下雨或基本不下雨的现象。我们头顶上方的空气有几十千米高，越往上越冷。当潮湿的空气遇到高山阻挡时，必须从低处较温暖的空气层爬升到高处较寒冷的空气层。在较寒冷的空气层中，水蒸气重新变成了小水滴，小水滴形成了云，然后开始下雨。因此，高山通常一面潮湿（迎风面），一面干燥（背风面）。背风面降水少的地区，被称为雨影区。

柯本先生是谁？他和气候有什么关系？

我们需要建立一个体系来描述地球上不同类型的气候。柯本先生是一位气象学家，他把全球气候分成五种主要的气候带。当时他可能没有太多灵感，因此只用了字母A、B、C、D、E来命名。他根据温度、降水量和生长的植物类型等线索，对气候进行分类。如今，我们仍在参考借鉴柯本气候分类法。

水和天气

外面下雨了吗？我的套鞋和雨伞呢？我们对雨非常熟悉，除了雨，水还会以其他形式从天而降。如果水冻结成了冰，我们就会遇到冰雹；如果水以小冰晶的形式落下来，那便是雪。将雪揉成一个雪球扔出去，是不是感觉很棒？

在早上，有时能看到另一种形式的水——雾。雾是悬在地面之上的云。如果雾特别浓，你可能伸手不见五指。你知道云里面也有很多水吗？云是由在空中悬浮的水滴、冰晶聚集形成的。云会因气流而不断改变形状，它有很多种类。

再说回雨吧。雨可不是随叫随到的，毕竟下雨不是谁在空中时不时地拧开一个超级大花洒。那么，到底什么时候会下雨呢？雨和云有关。在温暖地区的上空，云层中的小水滴相互碰撞、混合，越变越大，越来越重，变成足够大的水滴，然后掉落下来——天开始下雨了。

在较冷的地区，空气非常冷，以至于云里形成了冰晶。冰晶会越变越大，因为云里的水滴碰到冰晶后会结冰，并沾在冰晶上。当冰晶足够重时，它们就会落下来。一开始它们像雪花一样落下，但通常在落地之前就融化了。

雨水可以直接喝吗？

雨水看似干净，但不能直接喝。汽车和工厂会排放废气，因此，空气中含有不少危害健康的物质，而雨水中含有一部分空气污染物。而且，在你家屋顶上也可能沾上一些脏东西。当雨水流向你的集雨桶或地下储水罐时，会带上这些污物。如果直接喝雨水，你也许会喝到鸽子的粪便呢！

什么是云族？

19世纪的药剂师卢克·霍华德经常仰面躺在草地上看云。他看出云有不同的类型，经过仔细观察，他用拉丁语命名了三种云：卷云、积云和层云。这三种云可以相互转化，在转化的过程中混合成更多类型的云，比如卷积云、卷层云、层积云等。你喜欢哪种云的名字呢？

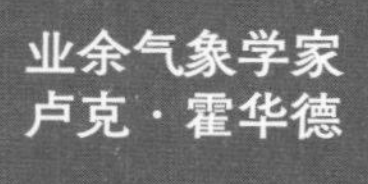

什么时候会出现雷暴?

当急速上升的暖空气和急速下降的冷空气相互摩擦时，就会产生雷暴。由于空气中含有大量的水，冷暖气流摩擦时可能会产生大暴雨和暴风。带来暴风雨的云可能有数千米高，里面含有非常多的水。

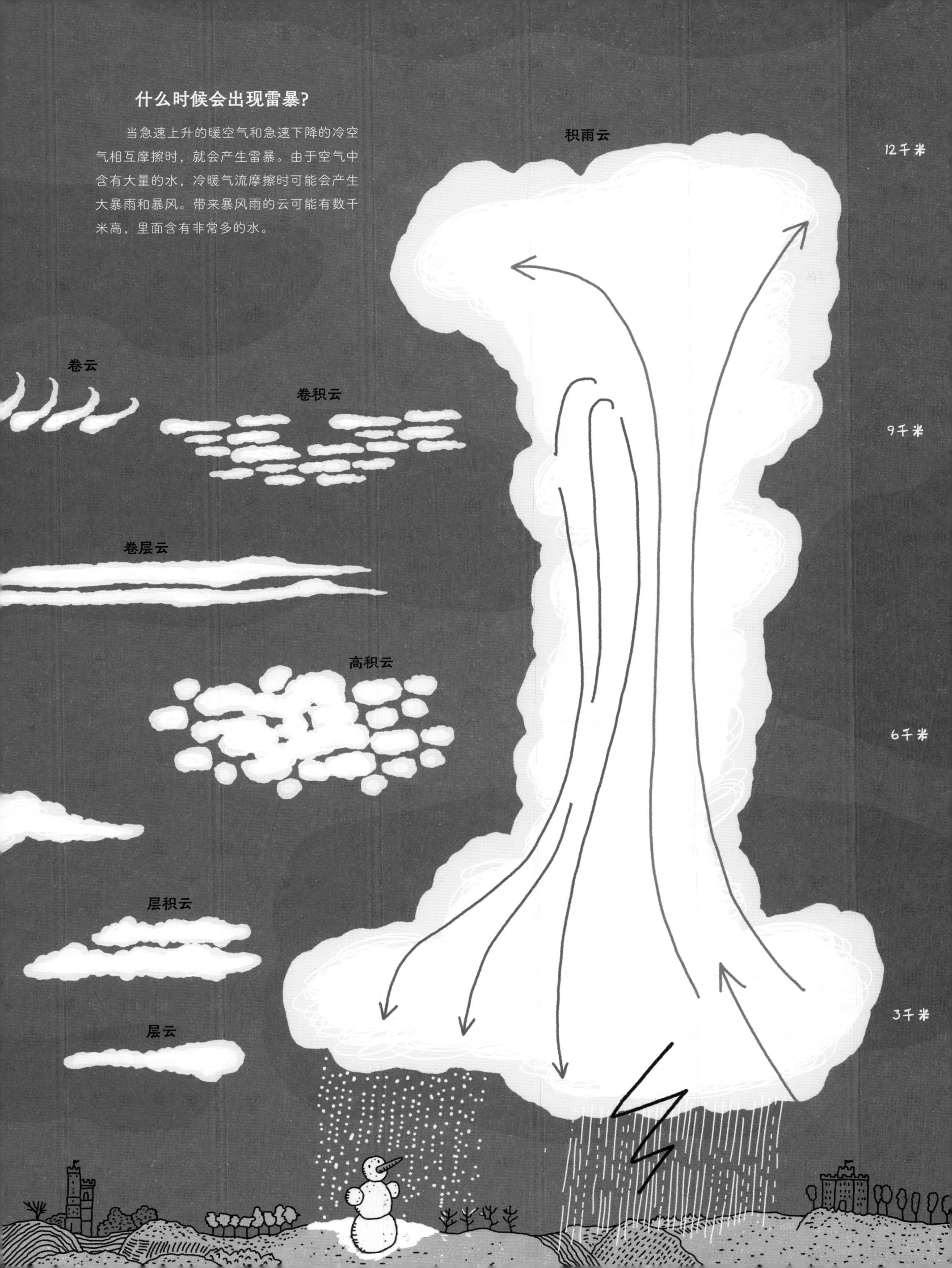

古代的人们如何解决用水问题？

水对人类来说非常重要。在很久以前，世界各地的人们就想出了很多聪明的办法，将河水引入他们的家或农田中。不过，目前我们还无法弄清楚他们是如何做到的。有很多我们现在习以为常的事物，实际上已经有几百年甚至几千年的历史了。

公元前3000多年，苏美尔人修建运河，将水引入农田中。他们生活的地方气候非常干燥，但由于底格里斯河和幼发拉底河有时会泛滥，并且还会留下淤泥或细泥，因此那里的土地还可以用于种植农作物。苏美尔人修建运河，然后通过开关闸门来调节水量。他们还使用了汲水吊杆，将河水从运河中取出，浇灌农田。

古罗马人善于建造宏伟的浴场，也善于修建引水系统。他们用石头修筑水道，将河中清洁的水运到城市里，这样人们就不容易生病了。法国南部的加德桥也具有引水功能，它距今已有2000多年的历史了。

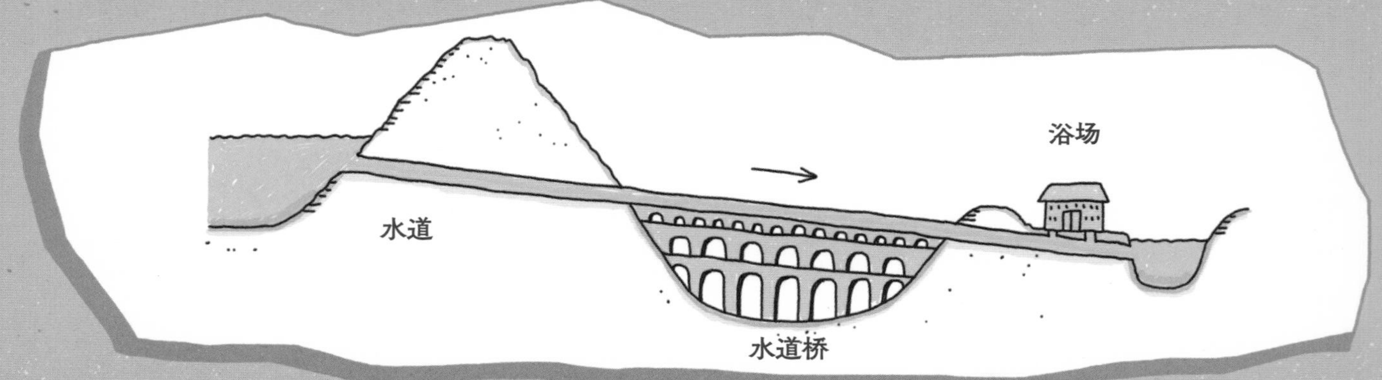

尼尼微空中花园

阿基米德喜欢在洗澡时思考问题

古巴比伦空中花园又名尼尼微空中花园，它是一个建在四层平台上的花园，平台由25米高的柱子支撑着。空中花园地下有两排小屋，小屋中的压水机为空中花园提供水源。奴隶们则通过螺旋泵把水运送到花园高处。人们将螺旋泵的发明归功于古希腊的阿基米德，但螺旋泵也可能在阿基米德生活的几百年前就已经存在了。

水车

古代人如何将水运到高处?

如果想将水从低处运到高处，就需要一个水泵。约2000年前，古埃及和古代中国出现了水车。当时的人们把水桶挂在大车轮上，做成水车，这就是水泵的雏形了。大车轮转动时，水桶可以快速从河中舀水并将水送往高处。水车可以借助人力或畜力来驱动。

水钟

你能用水来计时吗?

在古埃及和古代中国，人们不仅用水灌溉农作物，还用它来计时。一小根水管和一个水桶就组成了测量时间的工具。在古希腊时期，水钟还被用于法庭，它可以确保发言者讲话不超过规定的时间；它还可以帮助祭司在准确的时间向众神祷告。

哈拉帕下水道

第一条下水道是什么时候建成的?

5000多年前，哈拉帕（位于印度河流域）的居民已经在城市下方用整齐的砖块砌成下水道，建造了完整的排污系统。

人为什么要喝水?

一个成年人每天需要喝1.5~2升的水，那可是满满一大瓶哦！你一天需要摄入多少水，与气温有关，也与你的健康状况、年龄有关，还与你吃了什么，以及你正在做什么有关。你在运动时，甚至会在1小时内流失1~2升的水！水能帮助你把营养物质输送到身体各个部位，还能帮助你调节体温。人感觉热的时候会出汗，汗液从皮肤的表面挥发出去，可以帮助皮肤降温。

人的身体中有一大半都是水！我们上厕所时排出的水分最多，出汗和呼吸也会让水分流失。一个健康的成年人平均每天流失约2.5升的水，而我们每天从食物中补充的水分大约有1升，其余流失的水分就得通过喝水来补充。如果你的饮水量不够，身体很快会发出抗议的信号：你会觉得口渴、疲倦、虚弱、头晕或头痛。

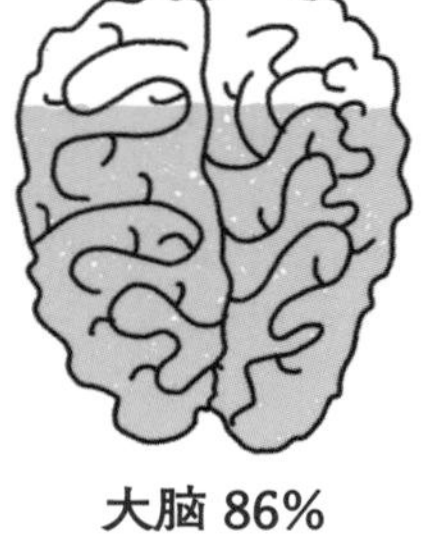

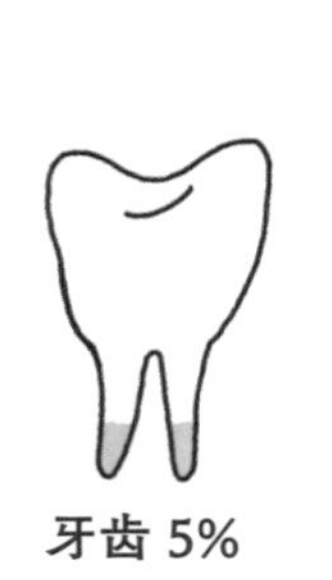

骨骼 22%

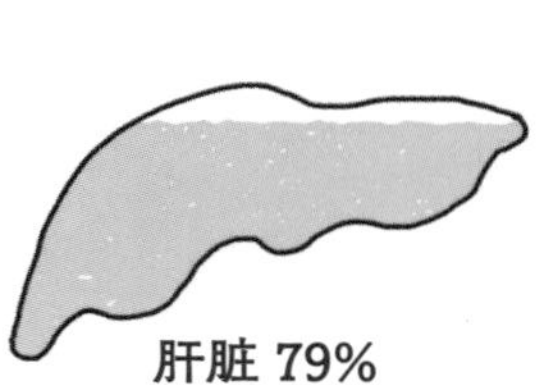

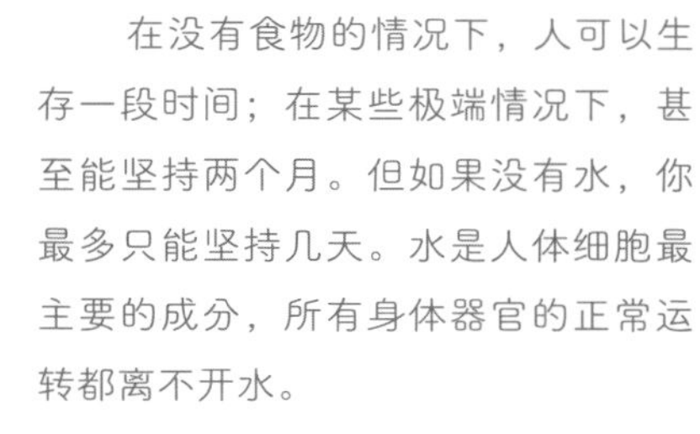

如果没有水，人能活多久?

在没有食物的情况下，人可以生存一段时间；在某些极端情况下，甚至能坚持两个月。但如果没有水，你最多只能坚持几天。水是人体细胞最主要的成分，所有身体器官的正常运转都离不开水。

为什么有些人更容易浮在水面上？

有些人很容易浮在水面上，有些人则很难，这与人体密度有关。密度指构成物质的分子排列的紧密程度。木头可以浮在水面上，但石头不能，因为石头的密度更大。就密度而言，有些人像木头，有些人则像石头。脂肪的密度比肌肉的小，因此脂肪多的人更容易浮起来，也就是说，胖的人更容易浮起来，虽然他们看起来好像更重。

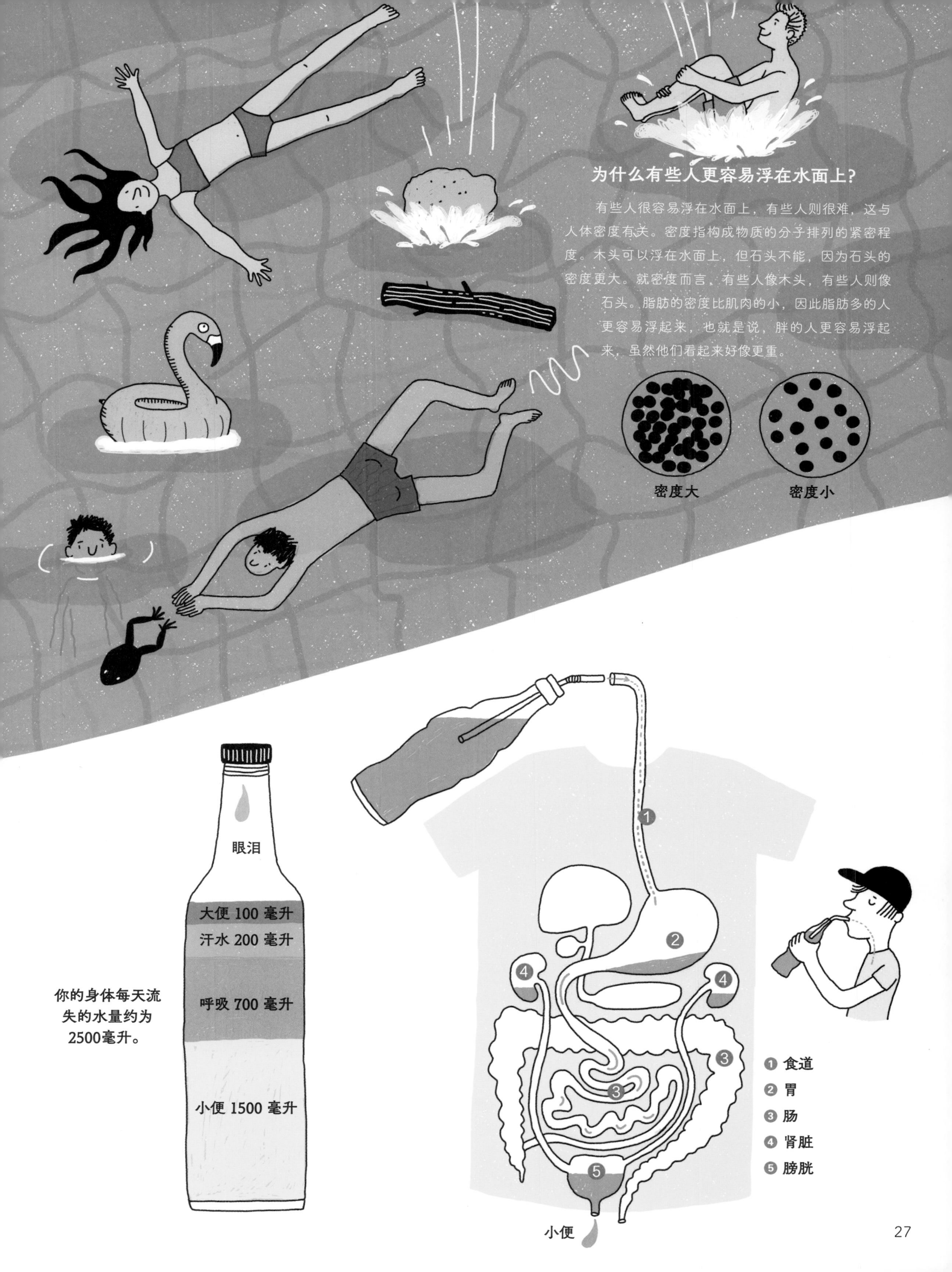

如何净化水？

从大自然中获得的水，我们称之为原水。要清除原水里的脏东西，需要采用多种过滤方式，这里面包含了很多巧妙的方法。自来水厂先用粗筛子隔除水中体积较大的杂质，例如死鱼或木块，就像你在海滩上用渔网捉螃蟹或虾那样。

接着，经过初步处理后的水会流进蓄水池里。水中较重的杂质会慢慢往下沉，直到沉淀到蓄水池的底部，因为那里的水是静止的。在蓄水池中，水的净化自然而然地发生了：水中微小的浮游生物会吃掉杂质。这就是利用大自然帮助人类工作。

然后，自来水厂会将水抽出来，通过水泵加压，让水从网眼非常细的筛子间流过。至于那些颗粒非常小、能够穿过筛子的杂质，自来水厂会用特殊试剂将它们粘在一起，形成絮状物。同时，水厂使用一台巨大的机器吹出泡泡，气泡会将这些絮状物往上推，让它们浮在水面上，然后自来水厂就可以轻易去除这些附着了絮状物的泡沫。接着，水继续流向沙子过滤器，剩余的细颗粒杂质全留在沙子中。

现在水中只剩下肉眼看不见的脏东西了。自来水厂有一种超级武器来对付它：活性炭过滤器。活性炭就像海绵一样，把各种有害物质抓住，让它们牢牢地贴在自己身上。这是最后一道过滤工序，水就这样变干净了。

最后，自来水厂还会用氯来消毒。氯是对抗细菌的灵丹妙药。泳池里的水大多含氯，它能防止你因接触泳池水而生病。经过以上所有工序之后，水就可以出厂，流向千家万户了。

沙丘能过滤水吗？

除了人造的沙滤器，一些自来水厂还会使用天然沙丘来过滤水。水流过沙丘后会变得更干净，因为杂质留在了沙子间的缝隙中。

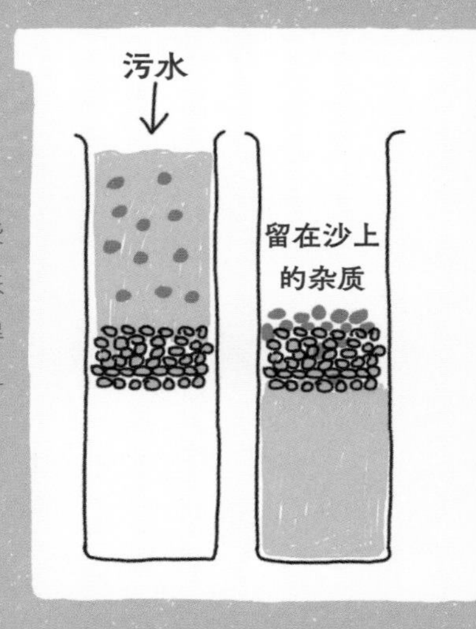

什么是活性炭？

活性炭是黑色的，有点像烧烤用的木炭，它可是不能吃的。活性炭上有成千上万个你看不见的小洞，它靠这些小洞来吸附杂质。

沙土小实验

- 往水中倒一些沙子或泥土，使劲摇晃几下或用力搅拌。
- 搅拌后，等待半小时。
- 现在你看到了什么？和在蓄水池里发生的一样，沙子或泥土沉到了底部。

沙滤器发明者
詹姆士·辛普森

中世纪的人喜欢喝啤酒？

淡啤酒是欧洲中世纪时期常见的饮品。当时还没有完善的排污系统和净水系统，淡水里经常混着细菌，因此人们觉得喝淡啤酒更安全。淡啤酒是将水、谷物和啤酒花的混合物煮沸，杀死细菌后制成的。

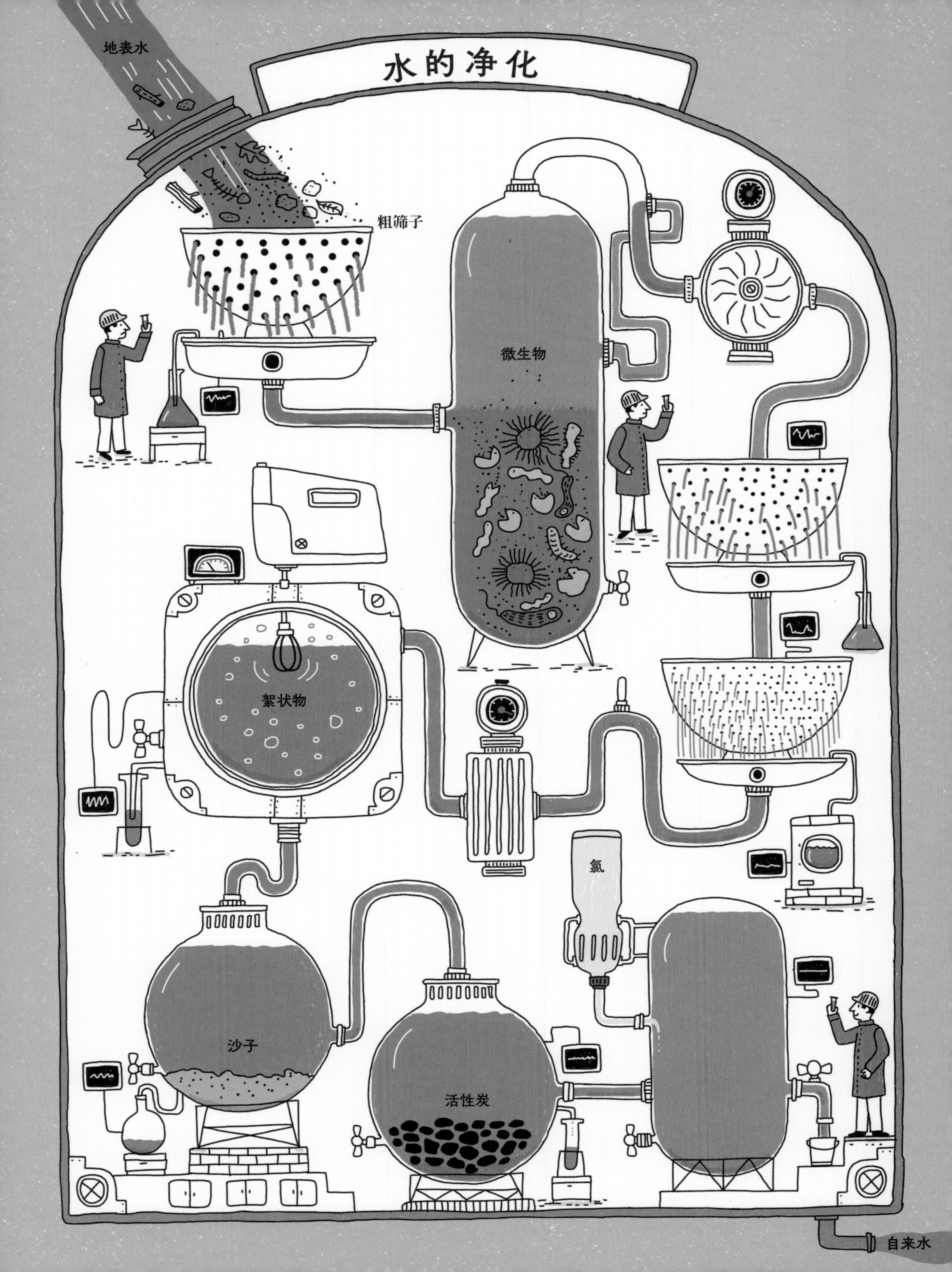

水的净化
地表水
粗筛子
微生物
絮状物
氯
沙子
活性炭
自来水

自来水如何来到你家?

在家里，你一打开水龙头，就有水流出来。这看起来很简单，但其实水在到达你家之前已经走了很长一段路。自来水一部分来自抽上来的地下水，一部分来自河流和湖泊的地表水。当然，由于这些水里可能有树枝和其他脏东西，必须先经过净化处理才能饮用。净化后的水通过自来水厂运输到你家，这是通过埋在地下约70厘米深的供水管道网络完成的。这一网络让各大自来水厂相互连接，也将水厂与小区、写字楼及工厂连接起来。

不过，供水管道泄漏的情况时有发生。由于管道埋得很深，有时人们很难发现管道泄漏，大量干净的饮用水会因此而浪费。在比利时的佛兰德大区，水龙头中每流出4桶水，就有1桶水因管道泄漏而浪费了。荷兰的情况稍好一些，但也会有供水管道泄漏的现象。管道泄漏造成的损失很大，相比之下，水表不精准、马桶冲水装置漏水以及盗水行为等带来的损失算很少的了。自来水厂一直在寻求避免管道泄漏的方法，如果你有想法，请务必找他们聊一聊!

管道泄漏会导致地面塌陷吗?

如果地下供水管道泄漏了很长时间却不为人知，街道或建筑物下方可能就会出现一个大洞。地下水管中泄漏的水会冲蚀地底下的泥土，形成地下空洞。人们可能很长时间都对此毫不知情，因为地面上的街道仍然架在空洞的上方，就像峡谷上的一座桥。但是，空洞会越变越大，再加上地上重物的压力，地面就会突然塌陷。地下空洞可能会很大，大到整台挖掘机甚至整栋房屋都会陷进去。

为什么有些地方的自来水里有石灰?

地下水在流动时会吸收土壤中的物质，比如石灰。石灰对人的健康无害，但会导致淋浴设备上出现一些白色水垢，也可能会损坏洗衣机。如果你家的自来水由地下水净化而成，那里面可能含有很多石灰。

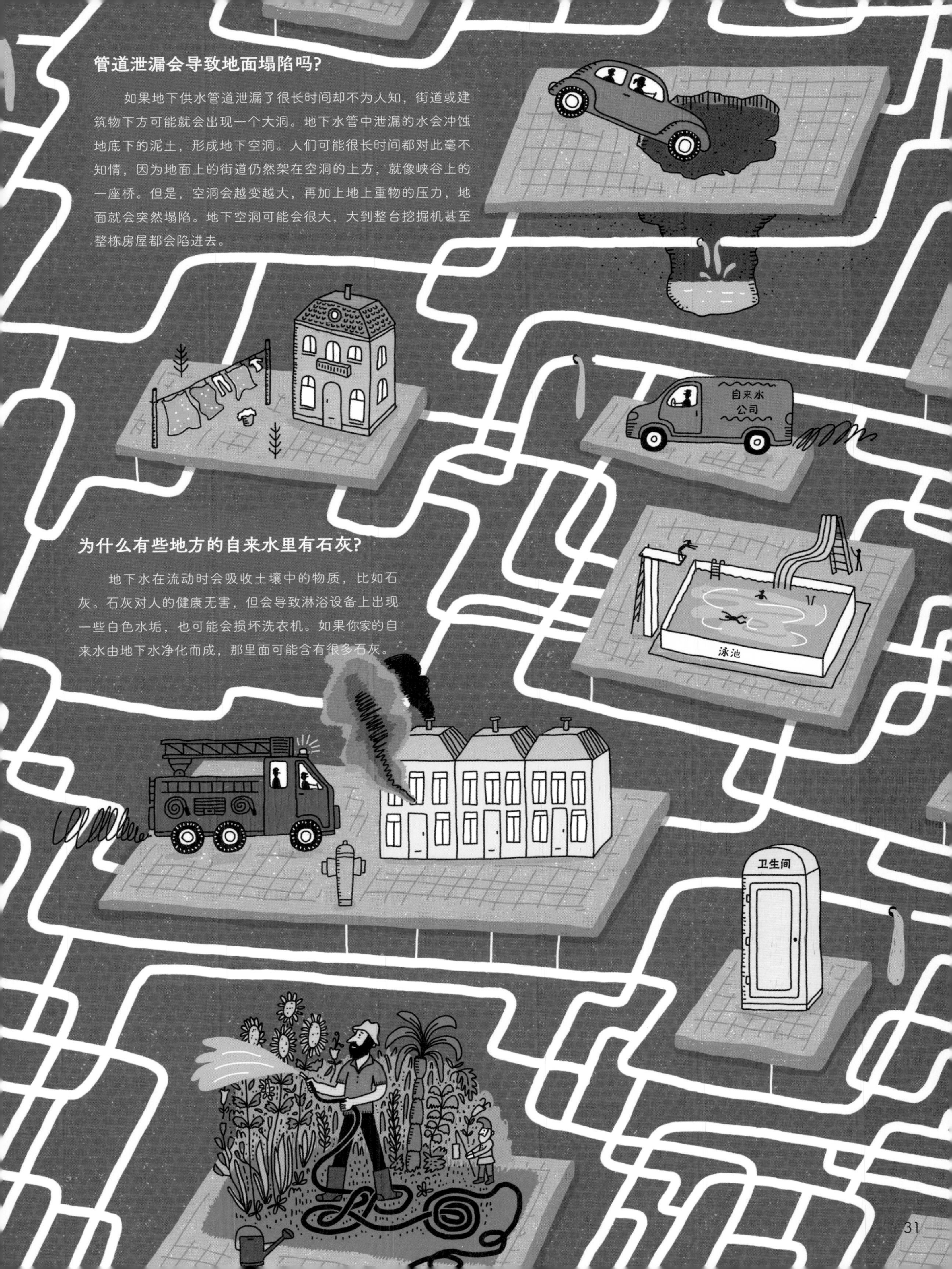

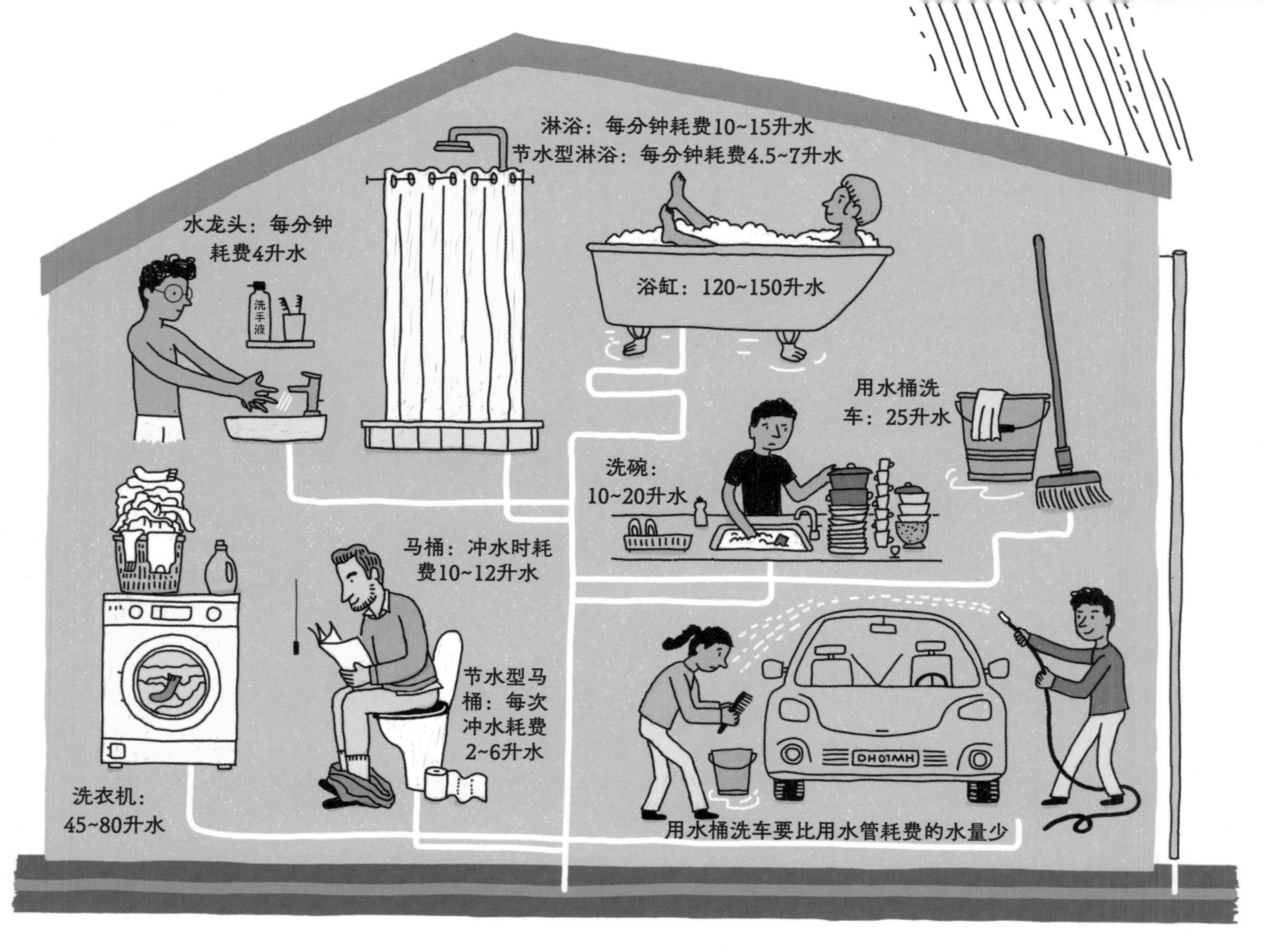

尿都去哪里了？

当你小便后按下马桶冲水按钮，尿就开始踏上不为人知的冒险之旅。就像你在水上乐园玩管道滑梯那样，尿从你家的管道中嗖地滑了下去，然后哗啦哗啦地冲进下水道。接着，它会经过防臭弯管、化粪池和繁忙的地下十字路口，在不断变大的管道中抵达污水处理厂。

和在自来水厂一样，污水处理厂有几道清除污垢的过滤工序，然后这些污水会被放在几个巨大的圆形蓄水池里静置，让那里的浮游生物或微生物有足够的时间吃掉水里的污垢。一部分微生物是新加入的污水带过来的，大部分浮游生物或微生物生活在蓄水池底部的泥层中。水中的污垢慢慢地沉到池底，就形成了泥层。经过这样的处理之后，水才能排入河里，开始新一轮的水循环。

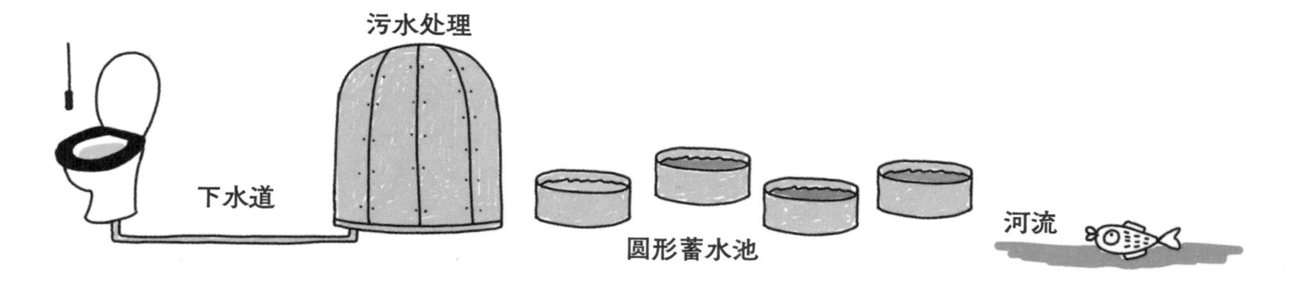

以前，下水道的污水大部分会被直接排入河流，导致河水散发出难闻的气味。鱼和其他水生动物也不愿在被污染的河流里继续生活。现在仍然有很多人将污水直接倒入河中，这会让使用河水的人生病。因此，许多国家都在努力收集生活污水，将这些水净化后再排入河中。

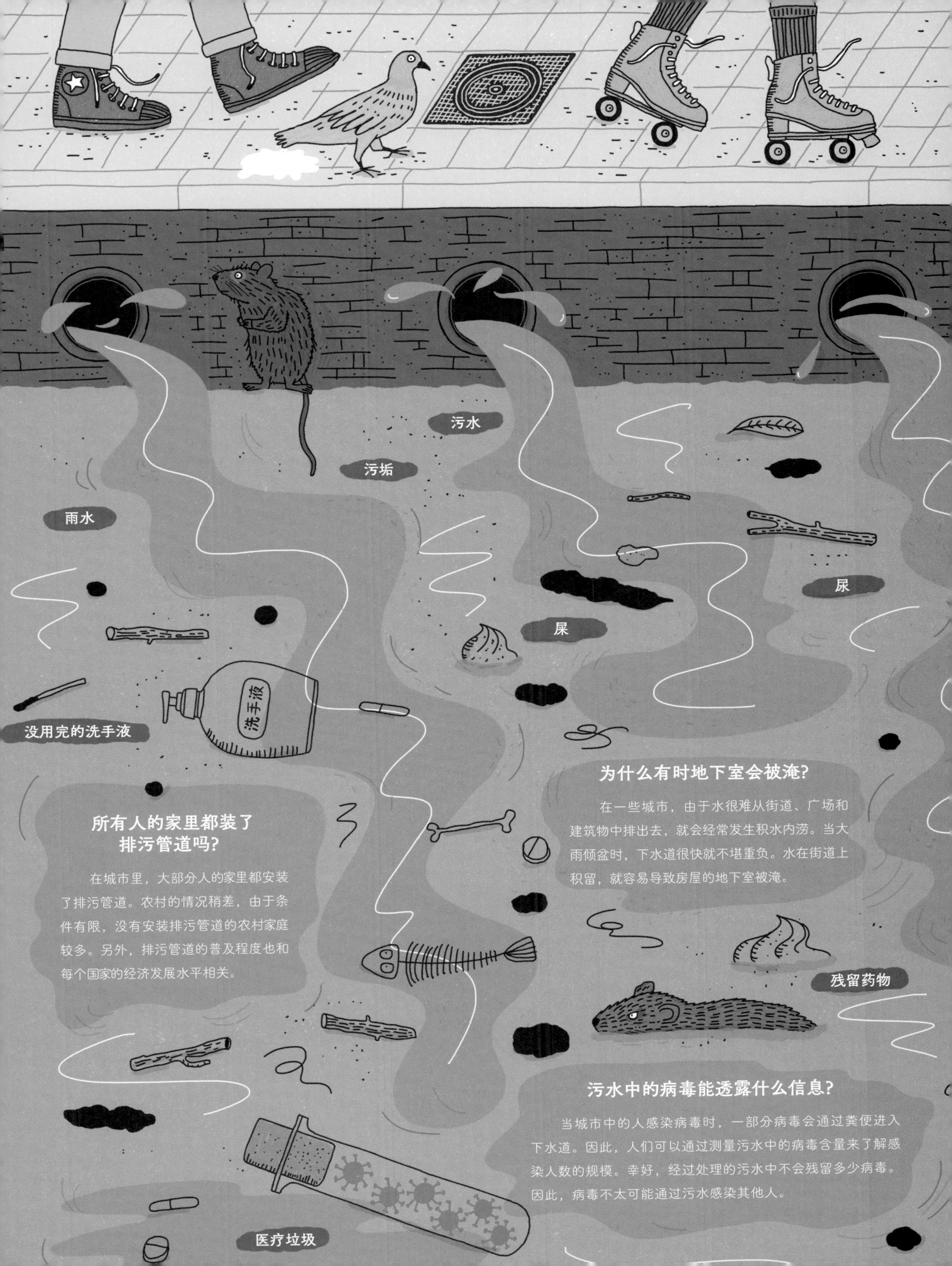

所有人的家里都装了排污管道吗？

在城市里，大部分人的家里都安装了排污管道。农村的情况稍差，由于条件有限，没有安装排污管道的农村家庭较多。另外，排污管道的普及程度也和每个国家的经济发展水平相关。

为什么有时地下室会被淹？

在一些城市，由于水很难从街道、广场和建筑物中排出去，就会经常发生积水内涝。当大雨倾盆时，下水道很快就不堪重负。水在街道上积留，就容易导致房屋的地下室被淹。

污水中的病毒能透露什么信息？

当城市中的人感染病毒时，一部分病毒会通过粪便进入下水道。因此，人们可以通过测量污水中的病毒含量来了解感染人数的规模。幸好，经过处理的污水中不会残留多少病毒。因此，病毒不太可能通过污水感染其他人。

没有水，就没有盘中餐

农作物在生长过程中需要大量的水。在有些国家，降水就可以满足农业用水需求，然而，全球气候变化将使降水分布不均的现象越来越严重。

如果农田持续干旱，农民就得采用人工的方式为土地提供水分，这种做法我们称为灌溉。灌溉有漫灌、喷灌、滴灌等多种方式。灌溉用的水来自天然降水以外的水源，如来自地面、河流或者蓄水池的水。冬季时，农民会用蓄水池收集雨水。

过多的水也会让农民苦恼。大多数植物不喜欢它们的根长期泡在水中，因此农民要做好排水工作。他们要通过溪流、运河或土壤下面带滤水孔的暗管排出多余的水。如果不排走多余的水，一些农田将不再适合农业种植，会重新变成沼泽或潮湿的荒地（要知道，这些农田都来之不易）。为了能够生产更多粮食，人们曾经建造过许多大型水利工程，通过排水把许多沼泽地变成了农田。

然而，大量宝贵的水流入江河和海洋，没有被储存起来备用，也是一种浪费。因此，人们必须仔细考虑排水的时间和地点，尽可能地节约水，以满足干旱时期的用水需求。

种什么东西需要的水最多？

种植蔬菜和水果的温室需要的水最多。种植农作物、饲养家禽也需要大量的水。你可以在下一页了解更多相关知识。

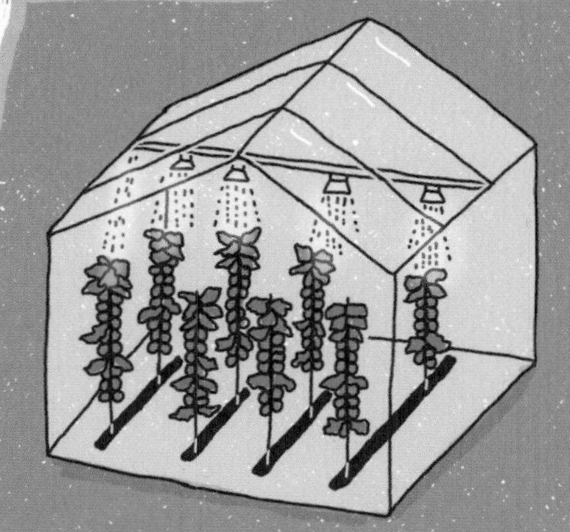

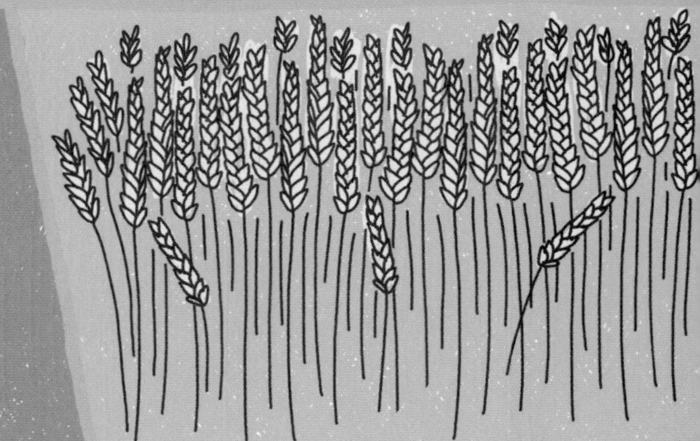

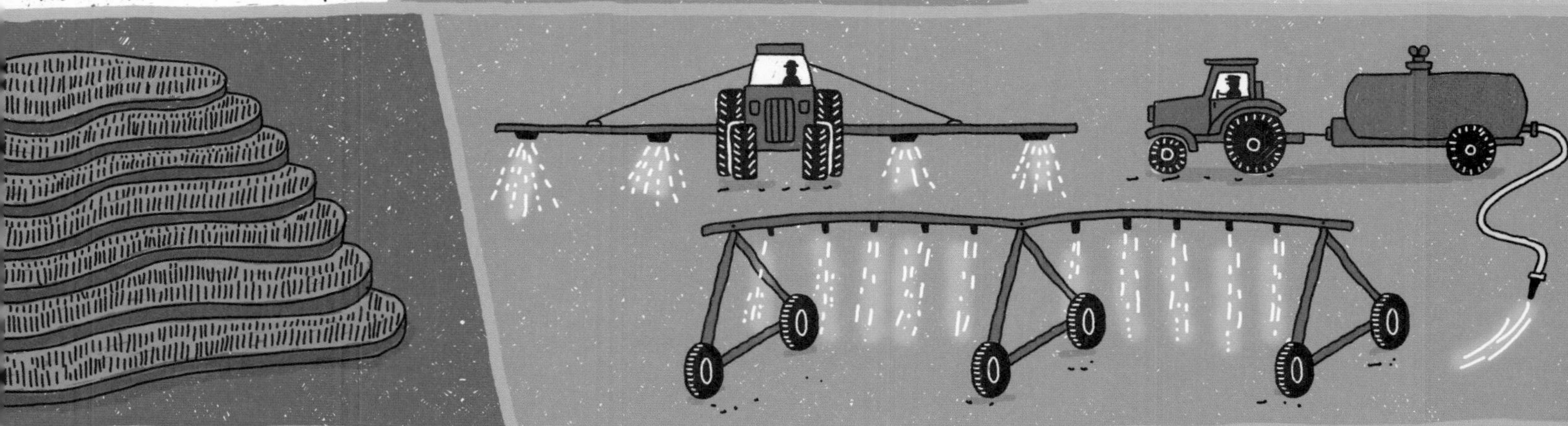

农民为什么把自来水给动物喝？

在有些雨水充沛的地方，农业的用水量不算特别大，雨水就可以满足农业用水的需求。但是，如果这些地区的降雨量突然减少，后果可能会很严重。如果干旱的时间过长，植物或动物可能会死亡，导致农民几个月来白忙一场。因此，到了动物找不到水喝的时候，农民会把自来水给他们饲养的动物喝。

什么是虚拟水？

在生产产品和提供服务中所需的水资源数量，我们称之为“虚拟水”。几乎所有我们用的或吃的东西，其生产环节都需要水。拿牛排来举例吧，牛排来自牛身上，而牛一辈子都要喝水，特别是母牛产奶的时候，每天至少要喝10桶水。除了牛喝的水，我们还必须定期用水清洁牛棚。

我们还要给牛喂东西吃，要在土地上种植干草或其他饲料，这当然也需要用水。因此，你可以想象，生产牛排需要耗费很多水。一般来说，每生产200克牛排至少需要耗费2000～3000升水。

农民可能在自家土地上种植喂养牲畜的饲料，如三叶草、大豆等，再从旁边的小溪里取水浇灌农田；也可能购买在别处种植的饲料。除了种植业，制造业也同样需要水，比如生产1件T恤或1部手机都需要用水。我们使用的产品都有各自虚拟的“水足迹”，即制造某样东西所需的水的总量。它不仅包括被用掉的水，还包括生产过程中产生的污水。

你听说过“水足迹”吗？

“水足迹”这一概念最早由荷兰学者阿尔杰恩·胡克斯特拉提出。要知道，许多产品是在不同的地方生产和销售的。看看你的T恤上的标签吧！它的产地是哪儿？如果将制造产品的耗水量全部加起来（它们可能是在不同的地方消耗的），你会发现，我们使用的“虚拟水”比水费单上显示的用水量要多得多。

1个苹果：125升

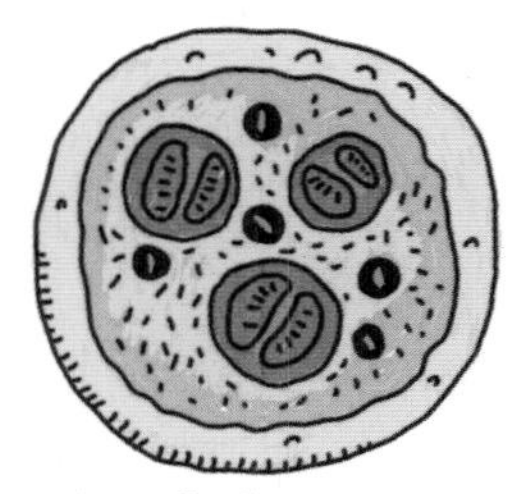

1个比萨饼：1260升

1个西红柿：50升

1杯茶：27升

1条牛仔裤：10850升

1个橙子：80升

1部智能手机：910升

1块巧克力：4000升

1千克猪肉：5990升

阿尔杰恩·胡克斯特拉

1件T恤：2720升

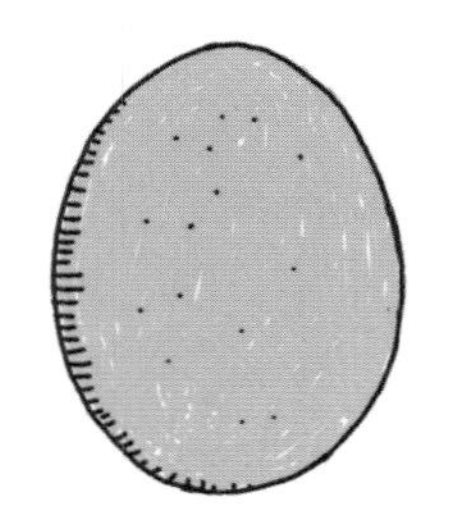

1个鸡蛋：200升

1千克鸡肉：4325升

1千克奶酪：3178升

什么是绿水、蓝水和灰水？

水足迹由三部分组成：绿水足迹（在生产过程中耗费的雨水资源总量）、蓝水足迹（在生产过程中耗费的地表和地下水资源总量）和灰水足迹（为了稀释生产过程中排放的污染物，以符合周边水体水质标准所需的水量）。因此，此处的绿、蓝和灰并不是指水看起来的颜色，而是指水的不同类型。

什么是“个人水足迹”？

形象地说，水足迹就是水在生产和消费过程中踏过的脚印。水足迹包括国家水足迹和个人水足迹。个人水足迹计算的是一个人消费的产品和服务所需要的水资源数量。荷兰一所大学还开发了“个人水足迹计算器”，人们可以通过这个软件算出自己每天、每月或每年的水足迹。

植物怎么喝水?

哧溜!

流汁

有的植物在生长过程中需要大量的水，如西红柿；有的植物需要的水少一些，如仙人掌。不过，不管什么植物，在生长过程中都需要水。田里的土壤就像拧过的湿毛巾，你能感觉到它是湿的，但水不会再流出来。你很难从一条拧过的湿毛巾里挤出水，然而，植物就可以从土壤中汲取水分！汲取水分是根的功能之一，有的植物的根甚至能在地下几米深的地方找到水。此外，根还能帮植物牢牢地固定在地上，保证它不会倒下。

植物的根和茎像许多细小的吸管紧扎在一起。这些“吸管”的一头埋在存有水分的地下，另一头长着叶子，叶子“含着”吸管吸水。

植物的叶子通过根和茎将地下的水从土壤里吸上来。水运载着植物所需的养分，一路往上走，直到叶子那里，就好像河水推着河里的小船运动。叶子能帮助植物降温。人太热时会通过出汗降温，然后就感觉口渴。植物也如此，大量水分通过叶子蒸发出去，我们将这种现象称为蒸腾。蒸腾作用的效果与出汗一样。

气生植物

没有根的植物存在吗?

有些植物可以通过叶子上的鳞片获取空气、雨水和积尘中的养分，我们称它们为气生植物。近几年流行在家里种植的空气凤梨就是气生植物，它们生长得非常缓慢。花店里出售的气生植物大多来自美洲。它们已经脱离了自然界，都是由人工培育繁殖的。

光合作用

阳光
二氧化碳
水
+糖类
氧气
水
矿物质

为什么树干在白天比较粗?

植物在白天而不是在晚上吸收水分，因为它们需要利用白天的阳光将水和二氧化碳转化为有机化合物（糖类）。因此树干白天变粗，晚上变细。通过测量树干的周长，我们可以了解一棵树在什么时候吸收了多少水分。如果树干在白天不够粗壮，说明土壤比较干燥，土壤里可能没有多少水了。

树枝小实验

从树上剪下一根树枝，10分钟后，仔细观察树枝的横切面，你会发现渗出了树汁。这是由于被剪下来后，树枝里的水分就无法被叶子吸收了。

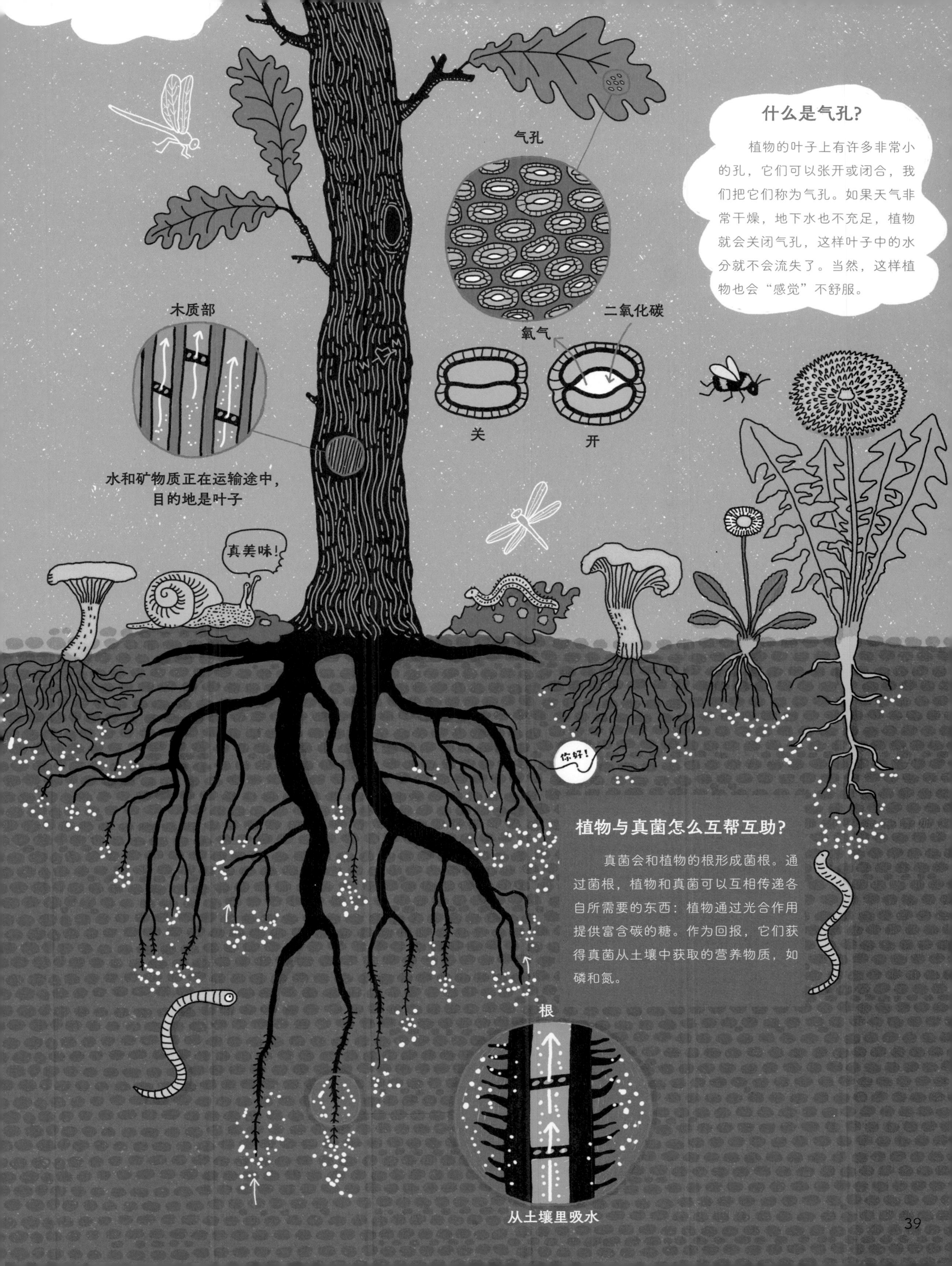

什么是气孔？

植物的叶子上有许多非常小的孔，它们可以张开或闭合，我们把它们称为气孔。如果天气非常干燥，地下水也不充足，植物就会关闭气孔，这样叶子中的水分就不会流失了。当然，这样植物也会“感觉”不舒服。

植物与真菌怎么互帮互助？

真菌会和植物的根形成菌根。通过菌根，植物和真菌可以互相传递各自所需要的东西：植物通过光合作用提供富含碳的糖。作为回报，它们获得真菌从土壤中获取的营养物质，如磷和氮。

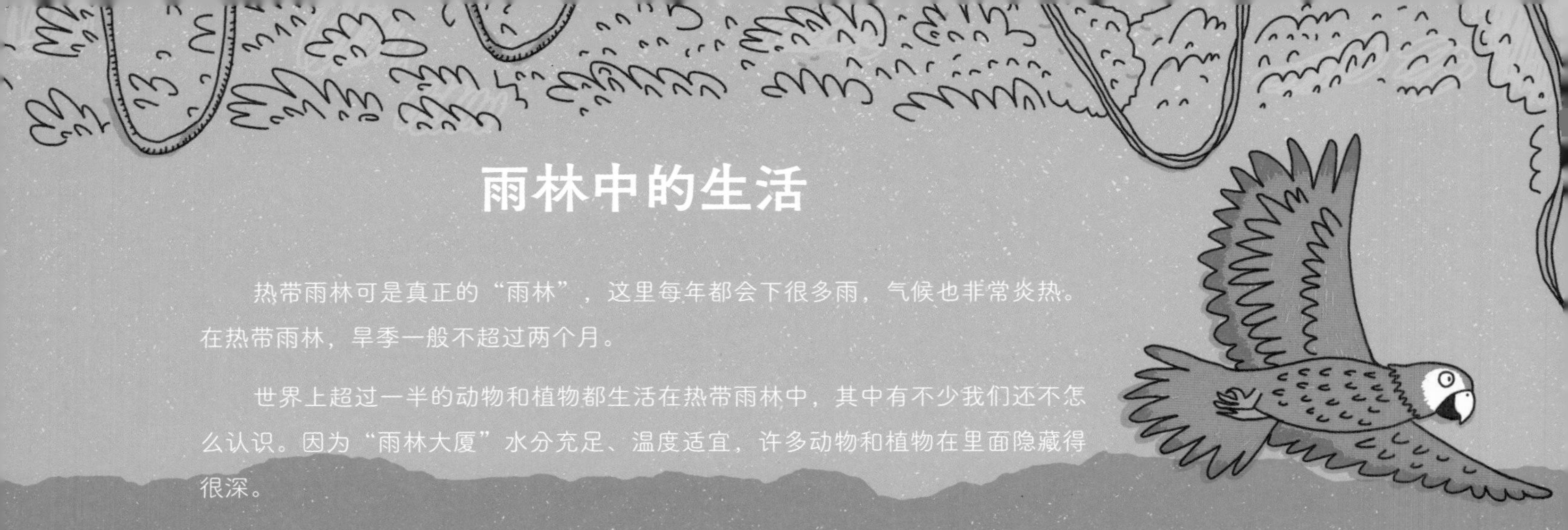

雨林中的生活

热带雨林可是真正的“雨林”，这里每年都会下很多雨，气候也非常炎热。在热带雨林，旱季一般不超过两个月。

世界上超过一半的动物和植物都生活在热带雨林中，其中有不少我们还不怎么认识。因为“雨林大厦”水分充足、温度适宜，许多动物和植物在里面隐藏得很深。

这座“大厦”有好几层，里面既住着非常矮小的植物，它们躲在灌木树荫底下；也住着像巨人一样高大的树木。

由于大树枝叶繁茂，透过树冠洒落下来的阳光和雨滴都很少，矮小的植物必须通过特殊的本领获得雨水和阳光。藤木盘绕在大树上，向上蜿蜒生长，这样获得阳光雨露的机会更大。兰花则借助其独特的根从空气中而不是土壤中汲取水分，兰花品种多样，形状、颜色各异，不过都很漂亮。凤梨科植物把叶子当作盘子收集、储存雨水，以备不时之需。这就是大自然的智慧！

雨林中最古老的树种是什么时候出现的?

雨林中最古老的树已有1亿多年的历史。因此，当恐龙还生活在地球上时，它们就已经存在了。

地球上最大的热带雨林在哪里?

地球上最大的热带雨林在南美洲，叫作亚马孙雨林（东南亚和西非也有热带雨林）。亚马孙雨林横越8个国家：巴西、哥伦比亚、秘鲁、委内瑞拉、厄瓜多尔、玻利维亚、圭亚那、苏里南。它的面积和澳大利亚的国土面积差不多大，它被人们称为“地球之肺”和“绿色心脏”。

亚马孙河有什么特别之处?

在世界上所有的河流中，亚马孙河的物种最丰富多样。亚马孙河中有世界上数量最多的淡水鱼类。到了雨季，亚马孙河的一些地方宽达40千米，比英国和法国之间的多佛尔海峡还要宽。

藤木
积水凤梨
兰花
睡莲

沙漠中的绿洲

想象你身处沙漠之中，太阳高高地悬挂在天上，四周热得像着火了一样。在你的周围，除了沙子还是沙子，无穷无尽的沙子。突然间，你看到了一些东西：枣椰树、绿色灌木，还有几间小屋。它们是生命的迹象，也是生存的希望。你看到的是一片绿洲！

绿洲是沙漠中长着植物的土地。植物之所以能在绿洲中生长，是因为这里有淡水。有的绿洲在天然水源的周围形成，但大多数绿洲的形成都源于人为干预。人们通过地下通道引水，或者把地下水抽上来，创造出绿洲。坎儿井就是著名的引水地下通道。

绿洲对居住在沙漠附近的人们来说非常重要。如果商人需要穿越沙漠，到沙漠另一边的城市去售卖货物，他们就可以在绿洲中休息。为了保护绿洲免受风沙的侵袭，人们在沙漠地区种植了许多生命力顽强的枣椰树。

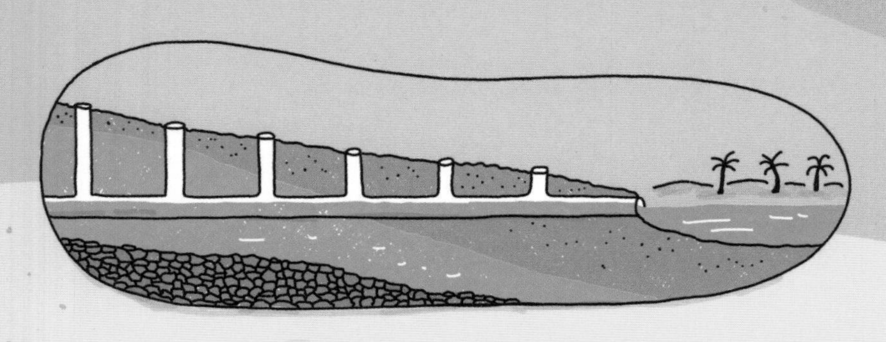

什么是坎儿井？

坎儿井是一种地下通道，它能将渗入地下的雨水、冰川及积雪融水运输到干燥的平原上。早在数百年前，人们就已经开始使用这项技术了。人们在山坡脚下挖隧道，一直通到水源处，隧道可长达数十千米。在隧道沿途，还建造了许多竖井，以保证隧道的通风。隧道建成和投入使用之后，竖井也便于人们清洁并维护隧道。有不少坎儿井已经有几百年的历史，至今仍在使用，为当地的人们运输宝贵的水资源。

芦荟

跳鼠

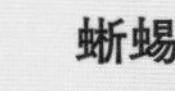

蜥蜴

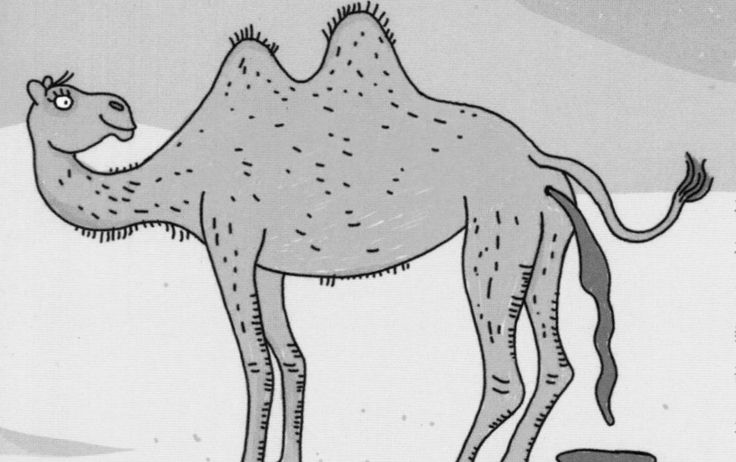

骆驼如何在沙漠中生存？

你可能以为骆驼的驼峰中藏着水，其实并非如此，驼峰里储存的主要是脂肪。那么，骆驼为什么能在长时间缺水的情况下生存呢？这得益于它们的鼻孔和肾脏。骆驼的鼻孔中有无数细小的气道，它们能分泌出一些物质并结成一层黏膜。当骆驼呼气时，黏膜会将气体中的水分保留；当骆驼吸气时，水分会被送回肺部。而骆驼的肾脏能吸收几乎所有的水分，因此骆驼经由排尿损失的水分非常少，它们的尿液就像糖浆一样浓稠。

绿洲中的水从哪儿来？

虽然沙漠非常干燥，几乎找不到水，但仍有一些地下水会涌出地面，因为这些地方的地面比地下水位还低。这些地下水就属于天然水源。

什么是海市蜃楼？

海市蜃楼是一种“空气镜子”。当上下层空气的温度相差非常大时，空气里就像有面镜子一样。海市蜃楼出现时，你可以看到远方景物的影子，它被称为“蜃景”。这是光线折射让我们产生的错觉，实际上，我们看到的是幻景，而不是实景。在影视作品里，海市蜃楼经常被描绘成水草丰茂的绿洲。

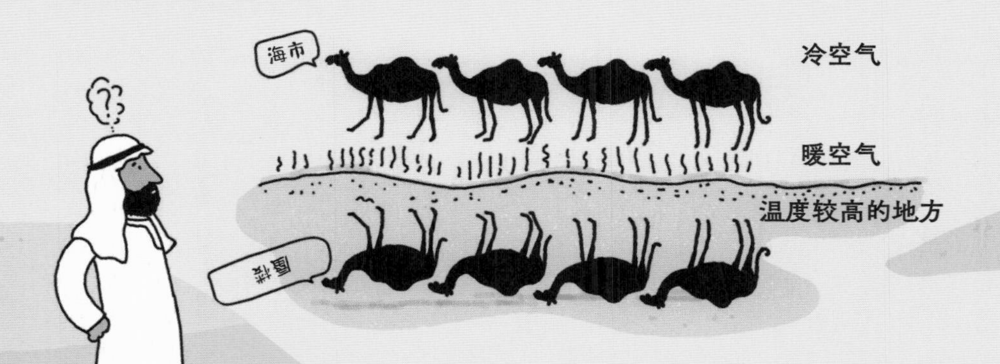

绿洲中的大城市

美国著名的赌城拉斯维加斯坐落于莫哈维沙漠的一片天然绿洲中。1829年，墨西哥商人发现了这个地方，给它起名“拉斯维加斯”，它在西班牙语中是“草地”的意思。

老虎丛

在降雨量很少的地方，如非洲的萨赫勒地带或墨西哥的下加利福尼亚半岛，有一种非常特殊的丛林：老虎丛（tiger bush）。在老虎丛中，光秃秃的土地和成圈生长的植被（包括树木或草）交替出现。老虎丛中的植被与等高线大致平行生长。等高线是地形图上高度相等的相邻各点所连成的线。如果你沿着山脉中的等高线行走，就不用不停地上坡和下坡。

正视图

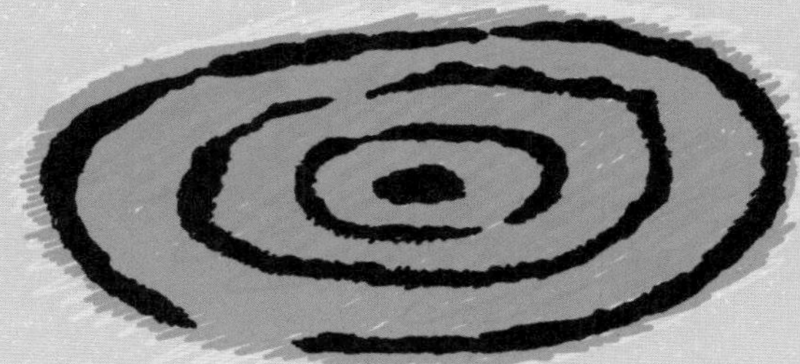

俯视图

为什么这些丛林像虎纹般生长，而不是遍地生长呢？老虎丛中的树木为什么能在这么干旱的地区生存下来呢？要知道，这些树木通常只出现在雨水较多的地区……

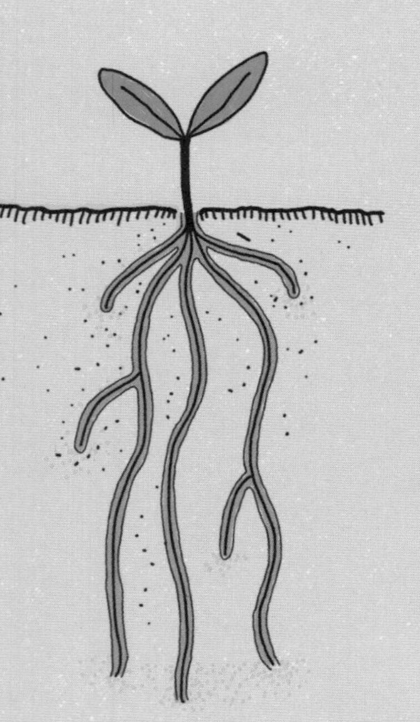

让我来告诉你答案。当雨水很少甚至不下雨时，植物就必须在天然水源之外找水，它们得将根伸到地下深处寻找水源。一旦植物能够以这种方式存活下来，它的根和落叶就能使土壤中出现更多的孔洞和通道，从而改善土壤。到了下雨天，雨水可以通过这些通道流入土壤中储存起来，这又能帮助植物在这里很好地生长。

如果长期不下雨，土壤的表层会变得非常干燥，甚至会稍微排斥刚开始下雨时落到地面上的雨水。不能立即渗入地下的水只能在地面上流动。而在有植物生长的地方附近，土壤内部有较多的孔洞和通道，可以更好地吸收地面上流经那里的雨水。疏松的泥土不仅能够吸收落在植物附近的雨水，还能收集从山上稍微高一点的地方流下来的雨水。

从空中看老虎丛，它就像老虎美丽的皮毛一样：干燥的地面呈橙黄色，上面生长着深色的灌木丛，它们呈条纹状分布。

根部向下生长时会挤开土壤的颗粒，从而在土壤内部形成通道，这样土壤就变得疏松了。

土壤小实验

- 取一些干燥的盆栽土，分别放在两个碗里。
- 在其中一个碗中加水，与盆栽土混合。注意水不要加太多，千万不要让水漫过盆栽土。
- 轻轻压一压两个碗里的盆栽土。
- 分别往两个碗里滴几滴水。接下来会怎样呢？

结果：在只装着干燥盆栽土的碗里，水滴不会立即渗到土里，而是停留在土壤表层。在装着潮湿盆栽土的碗里，水会立即渗到土壤里。

老虎丛里有老虎吗?

老虎丛是长颈鹿等食草动物的栖息地，这些动物喜欢吃灌木的叶子。在老虎丛里，你不太可能遇到老虎。

老虎丛会变化吗?

老虎丛可不是一成不变的。只要降雨量稍微有所变化，老虎丛就可能在几年时间里变成松散的灌木丛或者普通的森林。当降雨量变少时，落在土壤表面的雨水就会变得更少，这样一来，即使植物沿着等高线生长，也没法获得更多雨水。相反，要是降雨量变多了，就会有足够的水让植物在任何地方生长，它们也就不会如虎纹般分布了。

河流和洪水

水通过湍急的小溪和宽阔的河流流入大海。那么，小溪和河流的水又是从哪儿来的呢？

其中一些是落到陆地上的雨水。雨水流过田野和街道，从高处流到低处，最后汇入小溪和河流。来自雪和冰川的融水也会流入河流中。

河流中还有一些水是地下水。这听起来似乎很奇怪，地下水不应该是在地下的吗？的确如此，但地下水不会静止不动，它会慢慢地流向小溪、河流和海洋。另外，处理后的污水也会排进河流里。

有时候，雨下得很大，河水的水位会上升，甚至引发洪水！其实，洪水的形成有一个人为原因，就是人们喜欢改造曲折的河道，使它们变直，以便充分利用土地盖房子或种植农作物。如果能够保留河流曲折的走向，发洪水的概率就会低很多。

洪水泛滥时，田野、街道和房屋都会被淹没，这样的场景你一定在电视新闻上见过！在极端情况下，人们甚至会被困在自家屋顶上或被洪水冲走。

堤坝能起什么作用？

为了防止洪水泛滥，人们修建堤坝以保护土地。但如果水势太大，堤坝也可能出现决口，那样的话，水就会流向低处的土地。因此，有些地方会不断加高堤坝，让堤坝的抵御能力更强。

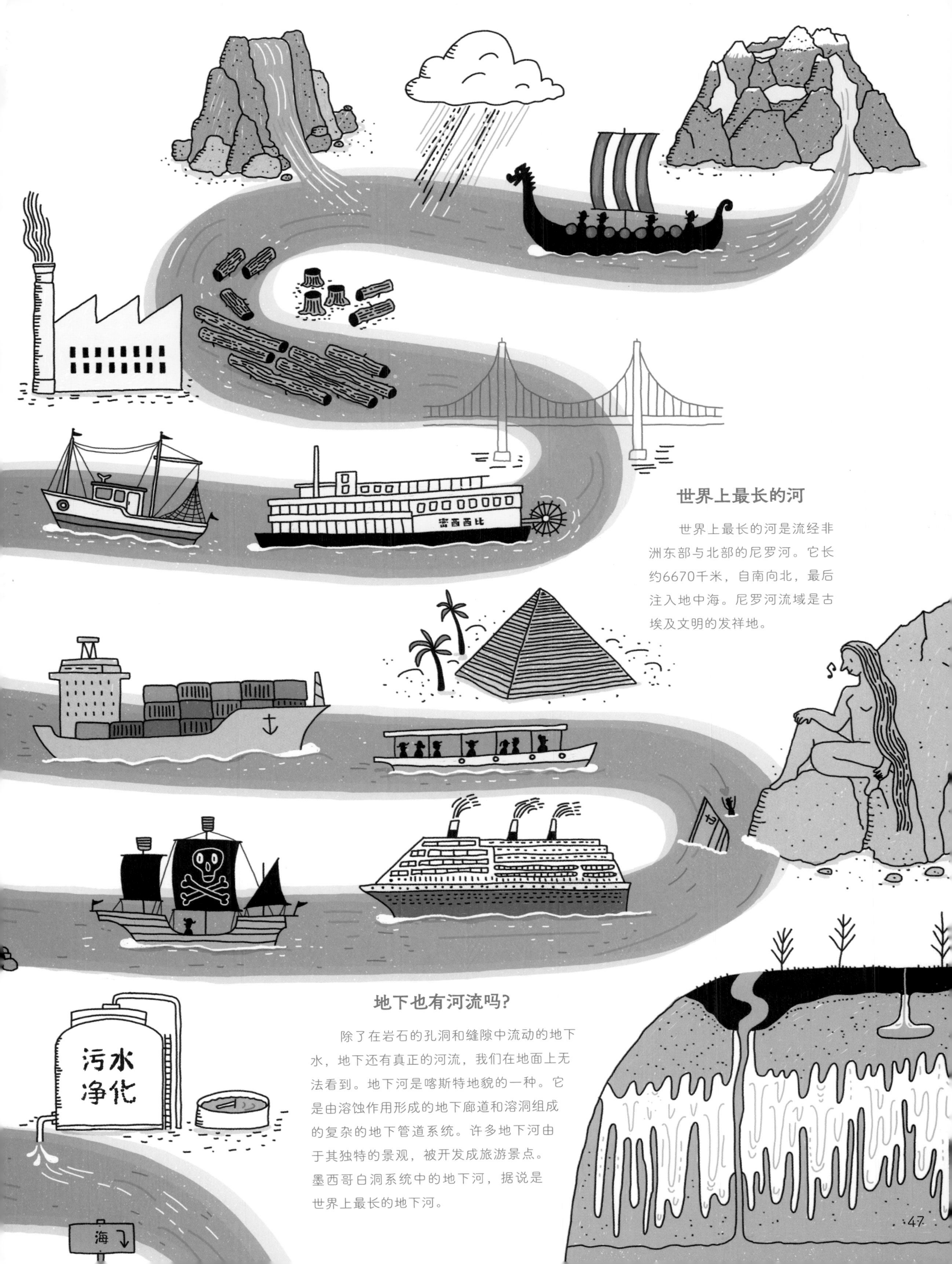

世界上最长的河

世界上最长的河是流经非洲东部与北部的尼罗河。它长约6670千米，自南向北，最后注入地中海。尼罗河流域是古埃及文明的发祥地。

地下也有河流吗？

除了在岩石的孔洞和缝隙中流动的地下水，地下还有真正的河流，我们在地面上无法看到。地下河是喀斯特地貌的一种。它是由溶蚀作用形成的地下廊道和溶洞组成的复杂的地下管道系统。许多地下河由于其独特的景观，被开发成旅游景点。墨西哥白洞系统中的地下河，据说是世界上最长的地下河。

海浪和海啸

你喜欢冲浪吗？夏天时去海边冲浪，在一个接一个的海浪间跳跃，这感觉太美妙了！海浪主要因海上刮风而产生。风将水向上推，海浪就会越来越高。而在暴风雨中，海浪会变得非常高。

除了刮风，海啸也会形成很高的海浪。海啸发生在海底地震或海底火山喷发之后。地震会引发巨大的波浪。“海啸”的英语单词是“tsunami”，它源于日语，字面意思为“港口（tsu）的波浪（nami）”。海啸形成的水墙向陆地移动，到达岸边时可能有别墅甚至楼房那么高！海啸具有巨大的破坏力，会摧毁它面前的一切。海啸前进的速度比高速公路上的汽车还要快10倍。

海啸来袭时，你所能做的就是快速跑到远离海岸的高地。为确保人们尽早到达安全地点，许多国家都会发布海啸警报。海底发生地震时就会触发警报，它提醒人们要赶紧跑到安全的地方。

为什么有的海水是棕色的？

位于欧洲的北海，有部分海水看起来就是棕色的。这是因为那里的海水中悬浮着许多小颗粒，如沙子、黏土、藻类等。在北海沿海水域，1升水里含有10~300毫克这些小颗粒。有时遇到暴风雨天气，大浪搅动淤泥时还会出现更多小颗粒。这些颗粒来自法国和比利时的北海海岸，以及斯海尔德河、默兹河和莱茵河等河流。它们会进一步扩散到沿海水域中。遇到平静的天气，这些小颗粒会沉入海底；但如果遇到剧烈的涨潮、落潮或者来自北海的海浪，它们就会因为受到搅动而再次混入海水里。

冲浪池里的波浪是怎么形成的?

水上乐园里冲浪池的波浪不是被风吹起的，而是由人工造浪机制造的。人工造浪机把空气压入气室，通过循环往复地抽排空气，压迫气室内的水面掀起波浪。波浪的大小可以通过抽排空气的频率和空气量的大小来控制。

为什么海浪中有时会有泡沫?

藻类是非常小的海洋植物。藻类死亡时，其黏性物质会留在海中。而当海浪翻滚时，这些黏性物质就会产生泡沫。它们会被海浪和洋流带到海滩上。

在哪里会发生海啸?

海啸发生区域大致与地震带一致。其中，发生在环太平洋地区的地震海啸占全球海啸的80%左右，而日本列岛及其附近海域的地震引起的海啸又占环太平洋地区地震海啸的60%左右。因此，日本是发生地震海啸最多的国家。

水坝和水库

人们在一些河流上修筑了水坝，这是一种用来挡水的高墙。在水坝后面，被拦截的水形成了湖，我们称其为水库。水库的水可以用来浇灌植物或净化成自来水。

水坝还可以用来建发电站。从水坝高处流下来的水，推动位于低处的涡轮机，从而产生动能和机械能，再通过涡轮机上方的发电机产生电能。

修建水坝也有弊端。水坝上游的土地将被淹没，不能继续使用了，有时甚至整个村庄都会因此而消失。水坝下游河流的水量通常比未建水坝时更少，这对下游需要使用河水的人以及生活在水中的动物来说，可能会带来麻烦。

水坝也可能引发事故。如果水坝上游水库的水过多，可能会发生溃坝。溃坝之后，泛滥的洪水带着巨大的能量汹涌而下，足以摧毁整座村庄。

世界上有哪些著名的水坝?

世界上最长的水坝是印度的希拉库德水坝，全长27千米。发电量最大的水坝是中国的三峡水坝。此外，世界上还有许多著名的水坝，如美国的胡佛水坝、埃及的阿斯旺水坝、土耳其的阿塔图尔克水坝等。

胡佛水坝

阿塔图尔克水坝

谁是动物界的筑坝大师？

河狸在陆地上行动得缓慢而笨拙，却是技艺娴熟的筑坝工程师。它们用树枝、石头和泥土在水中筑起水坝，洞口没入水中，这样捕食者就无法接近它们的住处了。

什么是防洪堤坝？

人们为了保护低处的土地在河水水位上升时不会被洪水淹没，修筑了防洪堤坝，它能将河道和受保护地区分隔开。有一种特别的防洪堤坝，能随着水位上升而上升。这样一来，即使水位涨得非常高，低处的土地仍可以得到保护。在荷兰的斯帕肯堡老渔港周围，就有一道可以自动升降的防洪堤坝。它长达330米，是世界上最长的可升降堤坝。它的发明者是荷兰艺术家约翰·范登诺特，他在自己的村庄坎彭村面临洪水的威胁时，设计了这个系统。

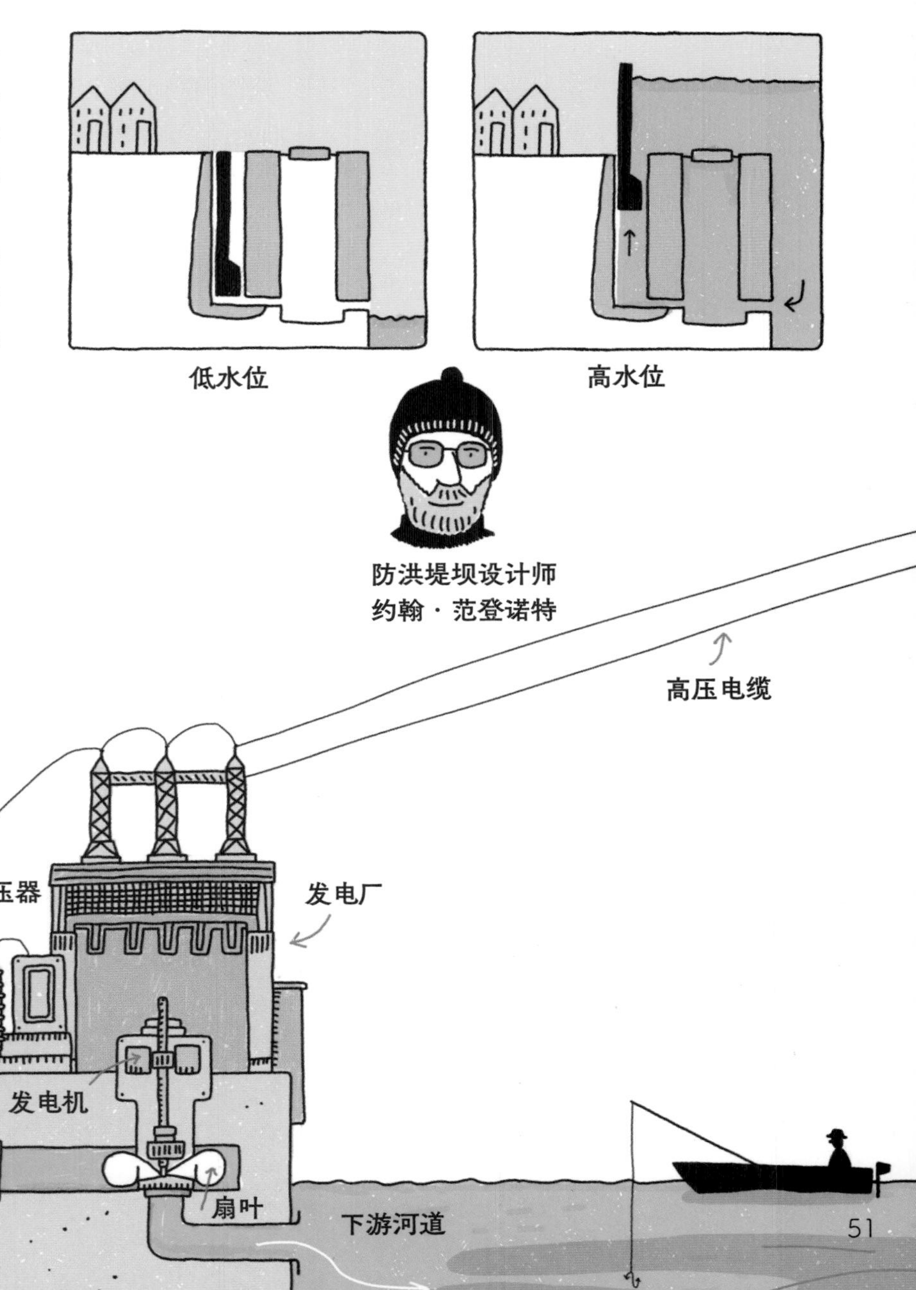

全球水资源的未来

由于人类燃烧煤炭、石油和天然气，将过多的温室气体排放到大气中，全球气候变暖的现象正在加剧。而气温的不断上升，又使得大量冰雪融化，融化后的水流入大海，导致海平面上升。如果我们不采取行动，许多人现在生活的地方都将被大海淹没。

全球气候变暖也会影响陆地上的水资源。有些地方会更加潮湿，有些地方则更加干燥。对某些地方来说，这可能是个好消息，比如一些沙漠地区将会变得潮湿。

然而，对地球的大部分地区来说，这是个坏消息。因为潮湿的地区会变得更潮湿，从而发生更多洪水泛滥事件；而干燥的地区会变得更干燥，可以用来种植农作物的水也就更少了。

在一些地区，由于季节的不同，有些月份的气候更加潮湿，有些月份的气候更加干燥。这意味着这些地区会更加频繁地出现极端天气，如干旱、洪涝、雷暴、沙尘暴等。

除了全球气候变暖，还有一些人为因素也会影响水资源的未来。在美国、印度和中国等地，有不少地区开采的地下水水量比大自然补给的地下水水量要多得多，这被称为地下水超采。地下水超采会造成地下水水位降低、地面沉降、水质变差等许多问题，从而影响人们的生活。

为什么受污染的地下水会成为一个大问题?

地下水会在地底下缓慢地渗透、运动，但污染物不会随着水运动，而是长期留在土壤里，影响好几代人。而且，我们现在还很难完全净化被污染的地下水。因此，我们必须确保不再污染更多的地下水。同时，要将污水适当净化后再排放到大自然中，这非常重要。

为什么我们要担心冰川融化？

全球大部分淡水资源都储存在冰川中。冰川融化形成的湖泊是许多地方主要的淡水来源，但如果冰川融化速度加快，大量的融雪水也可能引发洪水，冲毁附近的村庄和道路。而一旦融雪水变为洪水，人们可用的淡水资源也会大大减少。

我们如何预测天气？

我们研究气候变化时，其实研究的是某个地方多年天气的变化。这可不简单，其实就算只预测下周的天气，都不是容易的事情。每天，各地的气象站会记录气温、气压、风向、风速、湿度等各种气象数据，发送给国家气象部门。气象雷达和气象卫星也会收集和处理各种气象信息，反馈给地面接收站。最后，人们依靠超级计算机将这些气象数据和信息进行演算，制作出天气预报。虽然天气预报也会出现不准确的情况，但人们一直在想各种办法提高预测天气的能力。

如何保护水资源?

洗澡时选择淋浴而不是盆浴的方式，淋浴的时间也不要太长。

去游泳池游泳之前，先把脚洗干净！

用桶把洗澡水收集起来，它们可以用来冲洗马桶。

逛逛线上或线下的二手交易市场，买些二手用品。

如果你家有花园的话，尽量多用洒水壶，而不是花园软管浇水。

有时水龙头要先流一段冷水，才会出来热水。把这些冷水收集起来，它们可以用来冲马桶。

洗菜时，先洗一些较干净的菜，比如葱、蒜、萝卜，再洗较脏的菜，比如青菜，这样可以减少洗菜的用水量。

如果水龙头或管道漏水了，请及时维修。

保留洗蔬菜的水和其他厨房用水，这些水可以用来给花园里的植物浇水。

去海边时带个垃圾袋，把海滩上的垃圾收集起来。

天气干燥时无须给变黄的小草浇水，下雨时它会再次变绿。

选择节水用具，如节水淋浴喷头、节水水龙头等。

给马桶冲水时，尽可能多使用马桶的节水按钮。

淘米水可以用来洗菜，这样也有利于去除蔬菜表面的农药。

刷牙时关掉水龙头。

发挥创意！

如果你有什么保护水资源的好方法，请扫码关注封底的“心喜阅童书”公众号，留言告诉我们！

术语表

冰川

如果一层厚厚的雪长时间停留在陆地上，就会变成冰。当这些冰在陆地上大量堆积时，就形成了冰川。

潮汐

在海边，大海有时离你很近，有时离你很远，这就是潮汐。海洋在月球引力的作用下，会出现定期涨落的现象。水位上升的时期称为涨潮或高潮，下降时称为落潮或低潮。除了月球，太阳也会对地球上的水产生影响。当太阳和月球的引力方向相同时，会出现大潮，大潮的水会涨得非常高。

二氧化碳

二氧化碳（CO_2）是空气中的一种气体。人类呼吸时也会排放出二氧化碳，而树木在进行光合作用时则会吸收二氧化碳。让苏打水产生气泡的也是这种气体。

灌溉

如果天气干燥，农民得自己把水输送到田里，这就是灌溉。灌溉有多种方式：放水淹没田地、用洒水器喷洒或使用滴水软管等。

光合作用

植物在阳光的影响下将水（H_2O）和二氧化碳（CO_2）合成有机物质并释放出氧气（O_2）的过程。

海市蜃楼

如果空气因为温度差异而分成了不同的层次，空气中的光线就会折射、弯曲，这时可以看见在空中或地面以下有远处物体的影像。这种现象多在沿海一带或沙漠地区的夏天出现。

凝固

水从液态变成固态（冰）的过程。

凝华

水从气态（水蒸气）变成固态（冰）的过程。

气压

我们用气压来表示空气对我们和我们周围一切的压力有多大。在海拔越高的地方，这种压力会越小。

汽化

水从液态变成气态（水蒸气）的过程。

全球气候变暖

人类燃烧石油或天然气时会产生大量二氧化碳，即温室气体，并引发连锁反应，导致地球变暖。全球气候变暖会使全球降水量重新分配，并造成冰川和冻土消融、海平面上升等现象。

熔化

水从固态（冰）变成液态的过程。

渗透

雨水渗入土壤的过程称为渗透。

升华

水从固态（冰）变成气态（水蒸气）的过程。

水库

有些河流上建了水坝，在水坝的上游会形成湖泊，这种湖泊就被称为水库。

水循环

地球上各种形态的水，在太阳辐射、地球引力等的作用下，通过水的蒸发、水汽输送、凝结、降落、下渗等环节，不断发生周而复始的运动过程。

水足迹

产品的水足迹是制造该产品所需的所有水的总和。它不仅包括被用掉的水，还包括生产过程中产生的污水。

虚拟水

制造产品时消耗的水量以及产品生产过程中受到污染的水量，其总和被称为虚拟水，也就是凝结在产品中的虚拟水量。

蓄水池

蓄水池是用来储存水的地方。在污水处理厂，有专门的蓄水池，这样污水中的浮游生物或微生物就可以有足够的时间吃掉水中的污染物。

液化

气体因温度降低或压力增加而变成液体的过程。

雨影区

在山区中，迎风面是山面向风的那一侧。由于地形升高，迎风面的潮湿空气会不断上升。在上升过程中，湿气凝结，形成降水，而留下的部分气体掠过山脉后到达了山的背风面。留下的气体很干燥，难以形成降水，就形成了雨影区。

蒸腾

植物从土壤中汲取的水分通过叶子蒸发，再释放到大气中，这个过程称为蒸腾。

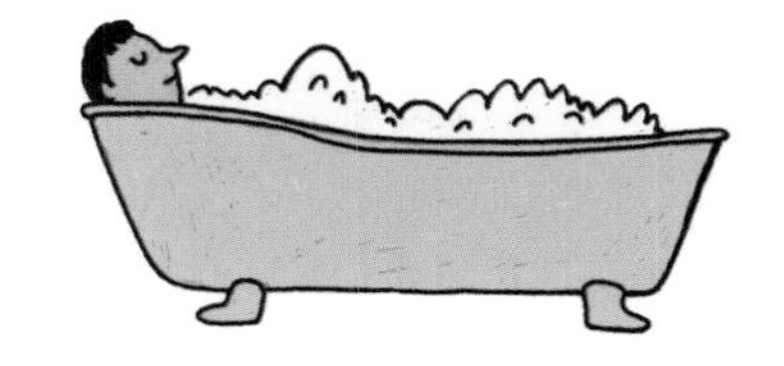

Original title: Het grote waterboek. Van zwetende planten tot verwoestende tsunami's

Translated from the Dutch language
www.lannoo.com

版权登记号　图字：19-2022-122 **号**
审图号：GS 粤（2022）277 **号（书中地图系原文插附地图。）**

图书在版编目（CIP）数据

奇妙水世界：从尿尿到海洋 /（比）莎拉·加雷，（比）玛瑞克·赫斯曼斯著；（比）温迪·潘德斯绘；吴锦华译. -- 深圳：深圳出版社，2022.12（2024.10 重印）
ISBN 978-7-5507-3607-8

Ⅰ. ①奇… Ⅱ. ①莎… ②玛… ③温… ④吴… Ⅲ. ①水－少儿读物 Ⅳ. ① P33-49

中国国家版本馆 CIP 数据核字（2024）第 085225 号

奇妙水世界：从尿尿到海洋

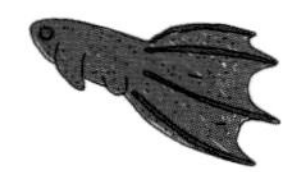

QIMIAO SHUI SHIJIE：CONG NIAONIAO DAO HAIYANG

[比] 莎拉·加雷　[比] 玛瑞克·赫斯曼斯 / **著**　[比] 温迪·潘德斯 / **绘**　吴锦华 / **译**

出 品 人：聂雄前
策划执行：布悠岛（武汉）文化传媒有限公司
责任编辑：张嘉嘉　吴一帆
责任技编：陈洁霞
责任校对：张丽珠
装帧设计：胡謦予
出版发行：深圳出版社
地　　址：深圳市彩田南路海天综合大厦（518033）
网　　址：www.htph.com.cn

印　　刷：深圳市星嘉艺纸艺有限公司
开　　本：889mm × 1194mm　1/16
印　　张：4
字　　数：100 千字
版　　次：2022年12月第1版　2024年10月第3次印刷
书　　号：ISBN 978-7-5507-3607-8
定　　价：88.00 元

出品 / 心喜阅信息咨询（深圳）有限公司　*http://www.lovereadingbooks.com*
咨询热线 / 0755-82705599　**销售热线** / 027-87396822